新奇科学直播间
XINQI KEXUE ZHIBOJIAN

震撼人心的奇妙瞬间

张 康 编著

浙江科学技术出版社

图书在版编目(CIP)数据

震憾人心的奇妙瞬间/张康编著. —杭州:浙江科学
技术出版社，2021.4
（新奇科学直播间）
ISBN 978-7-5341-9554-9

Ⅰ．①震⋯ Ⅱ．①张⋯ Ⅲ．①科学技术－青少年
读物 Ⅳ．①N49

中国版本图书馆CIP数据核字(2021)第063495号

新奇科学直播间
震撼人心的奇妙瞬间

编　著	张　康	印　刷	杭州富春印务有限公司
出版发行	**浙江科学技术出版社**	开　本	710x1000　1/16
	杭州市体育场路347号	印　张	9
	邮　编：310006	字　数	100 000
	办公室电话：0571-85176593	版　次	2021年4月第1版
	销售部电话：0571-85062597　85058048	印　次	2021年4月第1次印刷
	网　址：zjkxjscbs.tmall.com	书　号	ISBN 978-7-5341-9554-9
	E-mail：zkpress@zkpress.com	定　价	29.80元
设计排版	大米原创		

责任编辑	刘　燕　潘黎明	**责任校对**	张　宁
责任美编	金　晖	**责任印务**	叶文炀

"世界上最小的海在哪里？"

"月亮上有玉兔吗？"

"蒸汽机真的是瓦特发明的吗？"

"人类发现的最古老的乐器是什么？"

……

亲爱的小读者们，你们的脑袋里是不是也时常会冒出许多为什么？你们是不是总喜欢对新鲜事物刨根问底，一探究竟？如果是，那么恭喜你，这说明你们对这个世界怀有强烈的好奇心。好奇心是促进人们不断探索、不断进取的动力，它可以使人们的梦想生根发芽，进而开出美丽的花。

当一个孩子不再对自己所生活的世界好奇时，并不意味着他长大成熟了，只能说明他的心

在慢慢地变老，他的精神花园在悄悄地衰败，这听起来多么可怕啊！所以，我们要学会对这个世界保持好奇，去探寻它所蕴含的神奇秘密。

这套书就是从世界秘密海洋中汲取出来的一勺水。它虽然量不大，但所展示的内容能让你大吃一惊。当你阅读这套图书时，你会看到那些不可思议的世界纪录、那些令人拍案叫绝的奇妙发明、那些值得永载人类史册的伟大瞬间，以及那些我们的祖国正在发生着的科技新变化……

这个世界真奇妙，而我们所知的又太少！面对这个每天都在上演奇迹和新历史的世界，我们唯有怀着好奇心和勇气去孜孜不断地探索，才能真正地主宰未来。孩子们，出发吧！让我们一起从这里启程，去了解这个日新月异的世界。

目录

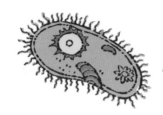

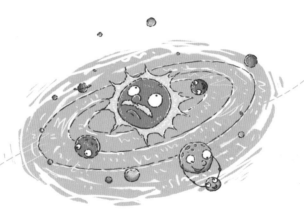

钻木取火：
原始社会的"高科技"

大家对火应该不陌生，生活中我们可是日日离不开它。中国的彝族百姓更是将火视为一种重要的图腾以及追求光明的象征，并为其专门设立了一个传统节日——火把节，甚至还流传着"生于火塘边，死在火堆上"的谚语。

在现代人看来，火很重要但也很普通，因为它太容易得到了，打开燃气灶、拨动打火机，火自然就来了。然而你知道吗？我们的人类祖先为了获得火可是经过了漫长而艰苦的努力！

在很长一段历史时期内，原始人类过着茹毛饮血的生活，那时他们不但不会利用自然界中的火，而且像很多野兽一样还很怕火。后来，由于一些偶然的机会，原始人吃到了被天然火

（如因雷击引起的山火）烧死的动物，那香喷喷的味道简直让人的每个味蕾细胞都雀跃起来。解锁了新味觉的原始人逐渐开始尝试利用自然火烧烤食物，并想方设法地将火种保存下来。由于原始人智力有限，起初他们保存火种的方法也十分落后。简单来说，原始人会将天然火种存放在一个遮风避雨的地方（比如山洞里），然后轮流看守，时不时地添上柴火，以防止火种熄灭。

至于原始人发现和使用火的确切时间，目前还没有定论。但是，研究人员从周口店的北京人遗址中证实，那时候的原始人（距今约70万年至20万年）已经会利用天然火了。

火的利用对于原始人向现代人迈进有着至关重要的作用。火能将食物烤熟，而熟食有利于人体对所需营养的吸收，极大地促进了大脑的进化，使得人类的智力得到了飞跃式的发展；熟食还增加了可食用动植物的品种，极大地丰富了人类的食物资源，

增强了人类的生存能力；熟食更卫生、更容易被消化吸收，有利于减少疾病，增强体质，延长了人类寿命；熟食也有利于增强人类的繁殖能力。除此之外，火还可以让

原始人在黑夜里远离毒虫野兽的侵害，并带来温暖，使得原始人身上茂密的毛发逐渐脱落，皮肤变得更光滑。

在学会利用自然火后，又过了很长的一段时间，原始人终于掌握了取火的方法，其中最早、最著名的方法便是钻木取火。而关于这种取火方法的由来，你也许能从中国流传千年的故事里得到启示。

相传，上古时期，人们学会利用火后，便小心地将火种保留下来，轮流看护。然而有一天，一个负责看护火种的人因疏忽大意竟然导致火种熄灭。没有了火的温暖，夜晚时人们又重新陷入到寒冷和黑暗中，只能瑟瑟发抖地祈求上天的垂怜。一个年轻人不想族人们再遭受这样的痛苦，便决定找回火种，让大家重新拥有温暖和光明。但是大地茫茫，要到哪里去寻找火种呢？

说来也巧，就在年轻人决心找回火种的那天夜里，他做了

一个奇怪的梦, 梦中有人告诉他燧明国里还保有火种, 可以去那里找找。第二天, 年轻人醒来后, 便四处打听有谁知道燧明国这个地方。结果, 问了一圈, 也没有人能回答出个所以然来。最后, 还是一位老者想到了一条线索, 说自己小时候曾听闻中原有一个氏族部落, 就叫燧明国, 但现在那里究竟是什么情况就不得而知了。

年轻人听后毅然决然地离开了自己的部落, 前往中原, 寻找那个所谓的燧明国。在那个时代, 远行可不是一件容易的事。不仅没有可利用的交通工具, 就连单纯的步行也不怎么安全, 因为大地上兽多人少, 稍不注意就有可能沦为野兽的一顿美餐。但不管怎样, 这个年轻人还是跋山涉水, 克服了许多难以想象的困难, 到达了燧明国。

然而, 燧明国的景象让千辛万苦赶来的年轻人大失所望。这里根本没有火种, 就连阳光也没有, 可以说是暗无天日、一片混沌。当地人甚至不知道什么是春夏秋冬, 什么是白天黑夜。年轻人眼见着自己的一切努力都将化为泡影，很是伤心，他垂头丧气地坐在一棵当地人称之为燧木的大树下休息。谁知，刚坐下没多久，眼前突然闪过一道亮光。"怎么回事？"年轻人起身查看周边的情况。紧接着，又是一道亮光闪现。这下子，年轻人终于找到光源了。

原来，年轻人身旁的这棵大树上飞来了几只外形像鹗的大鸟，它们正忙着捉树上的虫吃。大鸟的嘴又尖又硬，每啄一下遂木，就会迸出一两点火星。

年轻人见此情景，顿觉灵光一闪。他立即从树上折了一根大树枝和一根小树枝，然后用小树枝使劲摩擦大树枝，果然有火星迸出。竟然还有这种事！年轻人兴奋异常，赶紧加快树枝摩擦的速度，然而火星迸出不少，但就是点不起火来。

为什么只有火星而没有火焰呢？年轻人停下手，开始思考……第二次尝试时，他从树上挑选了一根比较大的树枝，把它弄成板状，在上面刻上一道浅浅的凹槽。年轻人坐在地上，双脚踩住扁平的木板，用一根燧木枝充当短棍，将其一端按在凹槽上，双手握住棍子来回搓动。

时间一分一秒地过去，棍子末端与木板结合处发生了剧烈的摩擦，产生了许多木屑，并因摩擦不断生热。等碎木屑温度高到一定程度时，大量火星开始伴随着烟雾迸出。突然，一道火焰蹿出，点燃了木板旁易燃的木屑。人类终于第一次靠自己的力量制取了火！

"成功啦！成功啦！终于成功啦！"年轻人激动得大喊起来。周围的人见到火光后，也纷纷围拢来，加入欢呼的队伍。由于年轻人发明了钻木取火的方法，为人类带来了永远不会熄灭的火种，所以燧明国的人就推举他做部落的首领，并称其为"燧人"（也称"燧人氏"），即取火者的意思。而燧明国（今河南商丘）这个人工取火的发源地，还被后人们视为"火文化之乡"。

很多人认为燧人氏只是传说，无法当作钻木取火的证据。实际上，考古工作者一直没有放弃寻求人工取火起源的研究。

近年来，人们通过多方考证，发现距今约3万年的北京山顶洞人已经脱离了保存天然火种的阶段，掌握了人工取火的技能。这表明，在人类进入文明社会以前，钻木取火已广泛存在。

那时的原始人凭借着这一划时代的技能，随时都可以吃到烧熟的食物。

不过，由于钻木取火属于非常费劲的取火方式，需要一定的耐心和技巧，并不是每一个原始人都能轻松掌握的，所以大多数情况下，原始人在用完火之后并不会把火种扑灭，仍旧会想尽一切办法把它保存起来，以待下次使用。

由此来看，钻木取火技术，在原始社会可算是名副其实的"高科技"呢！当人类步入文明社会以后，随着铁器的出现，古人开始使用火镰火石来取火。火镰火石取火的原理与钻木取火的原理类似，它是用铁制的火镰敲击坚硬的燧石，生成火星，火星落在易燃的纤维上，燃烧形成火焰。

然而，技术相对先进的火镰火石出现后，钻木取火并没有被立即淘汰。相反，它还伴随着封建社会存在过很长一段时间。例如，二十世纪八十年代，中国考古工作者在发掘新疆鄯善县苏贝希遗址的汉代墓葬时，就曾出土过取火棒、取火板等用于钻木取火的工具。除此之外，人们还在很多其他汉代墓葬中发现过钻木取火工具，这意味着钻木取火在汉代依然普遍存在。

时至今日，随着火柴、打火机等现代取火工具的出现，钻木取火已经退出了历史舞台。不过，它作为一种古老的手工技艺并没有完全消失。在中国的海南省，部分黎族百姓依然在传承着这种技艺。

据了解，黎族百姓所使用的钻木取火工具主要由两部分组成：一部分为钻木板，另一部分是钻杆、弓。取火时，需要先将钻木板固定，把钻杆一端按在钻木板的凹槽上，双手握住钻杆来回搓动或者用弓圈套住钻杆来回拉扯。

当钻杆与钻木板摩擦到一定程度后，钻孔处会有缕缕烟雾冒出。这时赶紧用易燃的芯绒、芭蕉根纤维、木棉絮等媒介引燃火星，并且不失时机地吹气助燃。只要有耐心，方法得当，火苗就会一下子蹿出来，从而达到取火的目的。

钻木取火出现的时间很早，由于使用的材质是木头，所以这种取火方式所使用的工具很难保留下来。而黎族传承下来的钻木取火技术刚好可以让人了解到取火的具体过程及其细节，这对印证考古资料具有重要的参考价值。因此，2006年，黎族钻木取火技艺被中国列入了第一批国家级非物质文化遗产名录。

可以说，当人类第一次点燃火光的那一瞬间，一个新的世界向人类打开了大门，在那里，有温暖、有光明、有更美好的生活。

发现美洲大陆：
一个伟大的错误

在人类文明发展史上，十五世纪被称为"大航海时代"，因为那时无论是东方还是西方，都不约而同地将目光移向了茫茫的海洋。彼时，中国有郑和七下西洋的壮举，而欧洲有巴尔托洛梅乌·迪亚士、瓦斯科·达·迦马、克里斯托弗·哥伦布等人的远洋探险。其中，意大利航海家哥伦布更是因为发现了美洲大陆，促成了"哥伦布大交换"（一种生态学上的大变革）。但是，你知道吗？这一伟大的发现竟然源自一个"错误"。

众所周知，地球是一个椭圆形的球体。不过，这一事实在很长一段时间里并没有得到大众的认同。到了十五世纪，地球是圆的这一观点虽然不再被视为异端邪说，但大多数人仍然认为地球是方的。当时的欧洲人普遍相信，如果驾驶帆船在某片海域一直向前航行下去，最终会到达世界的边缘，然后掉进深渊。

这种观点影响了很多人，但不包括哥伦布。哥伦布出生于意大利的海港城市——热那亚。由于当地码头众多，几乎每天都有大量船只停靠，所以哥伦布从小就能接触到阅历丰富的水手，听他们讲海上的故事。时间一长，"航海梦"便在哥伦布的心中生根发芽。

当时，一本名为《马可·波罗游记》的书籍在欧洲风靡一时。这本书主要讲述了马可·波罗在东方游历时的所见所闻，中国、印度等东方国家在书中被描述为"黄金遍地、香料盈野"的富饶之地。像很多欧洲人一样，哥伦布在看完《马可·波罗游记》后，也被其中的内容震撼到了，并对东方充满了向往，希望有朝一日能亲自去那些神奇的地方看看。

在航海梦的激励下，哥伦布开始拼命学习拉丁文、地理学、天文学等有助于航海的知识。十几岁时，他便开始跟着别人外出航海。长大后的哥伦布来到了葡萄牙，并在葡萄牙首都里斯本定居下来。

那时，哥伦布根据自己的生活经验以及多方收集的资料，坚定地认为地球是圆的，如果从大西洋向西航行，最后一定会到达东方。这是一个大胆的假设，哥伦布决心要按此去实现自己儿时的航海梦。为此，他请求葡萄牙国王资助自己的探险计划。

结果，哥伦布不仅吃了个闭门羹，而且遭到周围人的嘲笑。"你听说了吗？哥伦布那小子竟然想直接穿过大西洋前往东方！""地球明明是方的，他却认为是圆的！国王怎么可能会支持这样的神经病！"

哥伦布虽然饱受挖苦，但并没有动摇他西航大西洋的决心。既然得不到葡萄牙国王的支持，那就去求助它的竞争对手西班牙。幸运的是，几经波折后，哥伦布终于成功地让西班牙女王同意了自己的航海计划。

1492年8月3日，哥伦布率领船队从西班牙的巴罗斯港扬帆启航，浩浩荡荡驶进了大西洋。当时的船队由三艘帆船组成，一大两小，其中大船为主船，名为"圣玛利亚号"，由哥伦布乘坐指挥，剩下两艘较小的帆船分别名为"平特号"和"宁雅号"。起初，整个船队行进得还算顺利，船员们精神还不错，毕竟在他们之前还没有谁敢真正尝试横渡大西洋。

　　然而，由于帆船空间有限，致使海上的生活非常单调。再加上整个船队连续航行了数周，除了海水之外根本没见到任何陆地的影子，一些船员开始抱怨起来。如果说只是无聊也就罢了，更可怕的是稍有不慎还有可能丢掉性命。例如，航行期间，哥伦布的船队就曾误入一片被人们称为"魔藻之海"的海域。它之所以会有这个称呼，主要是因为那里布满了绿色的无根水草——马尾藻，而大量聚集的马尾藻对于依赖风和洋流助动的帆船来说是一个致命陷阱。

　　当时，整个船队被马尾藻包围，无法前进也无法后退。

如果不是哥伦布凭借丰富的航海经验花费好些天艰难逃脱，他们所有人将会因淡水和食品耗尽而活活困死在海面上。

在无聊和危险的双重打击下，很多船员开始打起"退堂鼓"来，嚷着要返航。哥伦布知道海上生活不好过，便一边给船员打气一边指挥船队继续前进。

不知不觉间，两个月过去了，而哥伦布的船队依然一无所获。船员们再也忍受不住了，纷纷要求返航，否则他们就要集体暴动。哥伦布无奈之下，只得与船员们约定，再向前航行三天，如果三天内仍看不到陆地，就立即返航。

时间一分一秒过去，离约定的时间越来越近，但还是见不到陆地的影子。哥伦布也焦虑起来，难道自己多年的计划就以无功而返的结局收场吗？当然不。就在1492年10月11日，事情迎来了转机，因为那一天哥伦布在海上看到了一根漂浮的芦苇，这意味着附近极有可能存在陆地。

果然，当晚10点多，哥伦布发现前面有隐隐的火光。12日拂晓，水手们终于看到了一片陆地，大家不约而同地发出胜利的欢呼！他们在海上整整航行了两个月零九天，终于到达了美洲巴哈马群岛的华特林岛。哥伦布把这个岛命名为"圣萨尔瓦多"，意思是"救世主"。

1492年10月12日成为人类航海史上的伟大一天。这天凌晨，哥伦布发现了美洲新大陆。然而，他却错误地认为自己发现的是印度，因为他出发时的目的地就是印度。当他登上新大陆的时候，便很自然地称当地的人为印第安人。在英语里，"印度人"和"印第安人"的拼写和发音是完全相同的（都是Indian）。

1493年3月15日，哥伦布离开西印度群岛返回西班牙。后来，他又三次西航到美洲，陆续发现了牙买加、波多黎各、多米尼加等岛，并到达中美洲的洪都拉斯和巴拿马等地。不过，从发现美洲新大陆一直到1506年去世，哥伦布都坚定地认为自己到达的是东方的印度。

后来，一个名叫阿美利哥的意大利航海家，经过多方考察和研究，得出了一个结论：哥伦布当年虽然是奔着印度去的，但他却犯了一个美丽的错误，到达了一个原来不被欧洲人知道的新大陆。因此，这块新大陆就以证实者

阿美利哥的名字命名，被称为"亚美利加洲"（阿美利哥的拉丁文写法），也就是我们经常说的"美洲"。

至于哥伦布，尽管他至死都不知道自己发现的新大陆是美洲，但后人仍然肯定了他的功绩，将他誉为"发现美洲的人"。

看到这里，估计有些人会说："哥伦布凭什么被称为发现美洲的人？毕竟他到达那里时，美洲已经有很多原住民了。真正发现美洲的人应该是当地的原住民，而不是哥伦布。"

的确，早在冰河时期，海平面下降，白令海峡露出海面，成为白令海陆桥时，人类就已经从当时的亚洲大陆到达了美洲。哥伦布所谓的发现，客观地看只是欧洲人的"发现"。

虽然在哥伦布之前，应该也有人到达过美洲，但他们的发现既没有被传播开来，也没有引起欧洲和美洲的任何变化。相反，哥伦布发现新大陆的消息倒是一下子传遍了整个欧洲大陆，并由此拉开了地理大发现时代。

接踵而来的，便是新航路的开辟以及欧洲人对新大陆的探险和殖民活动。可以说，哥伦布发现新大陆这一行为，对整个人类历史的发展都产生了重大影响。从这个角度来看，他完全有资格被称为"发现美洲的人"。

另外，哥伦布在远航期间还有很多重要的科学发现。例如，通过远航，他首次观察到罗盘指针与北极星间的角度会随观察者位置的不同而发生改变，并做了大量的观测记录，给出了有实际意义的初步解释。

据说，由于哥伦布出发的时候打算去东方，资助他的西班牙女王还曾让其携带了给印度和中国统治者的信。然而，最后他却阴差阳错地到达了美洲，所以，哥伦布踏上他自认为的"印度"之后有没有将信交给印度统治者就不得而知了。至于那封给中国统治者的书信上到底写了些什么，更是成了一个未解之谜。

美洲大陆的发现，加快了东方与西方连在一起的速度。而哥伦布在该壮举中所表现出来的坚强意志和勇气，也让他名垂青史，成为人类历史上最伟大的航海探险家之一。美国为了纪念哥伦布发现新大陆，将每年十月份的第二个星期一设为哥伦布节。

大陆漂移说：
遗失的大陆

　　大家对世界地图应该都不陌生吧？说不定有的人还能如数家珍地指出上面的"七大洲、四大洋"。可你知道吗？世界地图上的陆地虽然看起来有些四分五裂，有的还与其他大洲没有任何接壤（比如大洋洲），但它们在远古时期却是一个整体。

　　也就是说，在很久很久以前，地球上并不存在什么"七大洲、四大洋"，那时的大陆还是相互连接的一整块，直到后来才分裂成如今的模样。这听起来有些不可思议，但事实确实如此。另外，这种说法在学术界还有一个响当当的名字——大陆漂移学说，它是由德国气象学家阿尔弗雷德·魏格纳发现并提出的。

魏格纳出生于1880年11月1日，他的父亲是一位神学家兼孤儿院院长。与很多普通人一样，少年时期的魏格纳并不是什么神童，在学习上也算不得出类拔萃。不过，他从小就兴趣广泛，并极具冒险精神，年轻时甚至还想到北极去探险。后来，由于父亲的阻止，兴致勃勃的他没能在高中毕业后加入探险队，而是进入大学学习气象学。1905年，他以优异的成绩获得气象学博士学位后，便致力于高空气象学的研究。

不过，魏格纳的冒险梦并没有随着时间的流逝而消失。1906年，他和弟弟一起驾驶热气球在空中连续飞行了52小时，打破了当时此项运动的世界纪录。随后

几年，他又参加了丹麦远征格陵兰的探险队，看到了岛上巨大而缓慢运动的冰山，给他留下了极其深刻的印象。这次探险之旅除了让魏格纳获得了一大批珍贵的气象资料外，还激发了他对科研工作的热情。

在第一次远赴格陵兰岛探险科考结束后，魏格纳开始在马

堡大学任职。当时，他一边整理从格陵兰岛收集得来的资料，一边着手进行天文学、地质学等方面课程的讲授和研究。1910年的一天，由于身体欠佳，魏格纳不得不卧床休息。可能是太过于无聊，为了打发时间，他便仔仔细细地研究起了挂在病房墙上的一幅世界地图。

然而，他这一看，竟然有了一个意外的发现：大西洋两岸的轮廓竟然互相对应，特别是巴西东端的凸角部分与非洲西岸凹入大陆的几内亚湾，一凸一凹看起来十分吻合。而自此往南，巴西海岸每一个凸出部分，恰好对应非洲西岸同样形状的海湾；相反，巴西海岸每一个海湾，在非洲西岸都有一个凸出部分与之对应。

这难道是巧合吗？这位青年学者的脑海里突然闪过这样一个念头：非洲大陆与南美洲大陆是不是曾经贴合在一起？也就是说，在很久很久以前，它们之间并没有大西洋的阻隔，后来完全是因为地质变动才使得原始大陆分裂、漂移，最后形成如今的海陆分布情况。

"大陆漂移"这一思想火花产生后，魏格纳兴奋极了，第二天便把想法告诉了自己的老师——当时著名的气

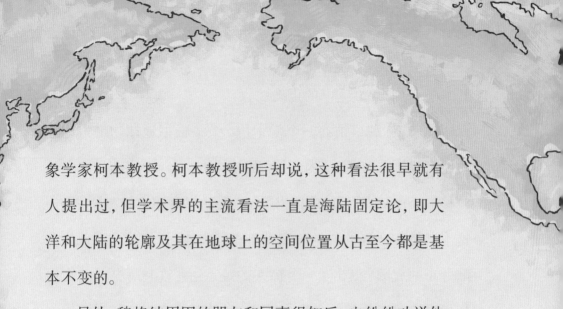

象学家柯本教授。柯本教授听后却说，这种看法很早就有人提出过，但学术界的主流看法一直是海陆固定论，即大洋和大陆的轮廓及其在地球上的空间位置从古至今都是基本不变的。

另外，魏格纳周围的朋友和同事得知后，也纷纷劝说他放弃"大陆漂移"这种怪诞的想法，并建议魏格纳把主要精力用在气象学研究上，毕竟地质研究不是他的强项。

魏格纳见没有人认同自己的想法，再加上他当时也没有意识到"大陆漂移"的重大研究价值，所以就没有继续深究下去。然而，到了1911年，魏格纳在翻看一本论文集时，偶然间看到了这样一句话：根据古生物的论据，巴西和非洲曾经有过陆地连接。于是，"大陆漂移"的想法重新在他的脑海中涌现出来。紧接着，他开始大量收集资料，以验证自己的设想。经过一系列的资料整理和对比，魏格纳得到了很多支持自己设想的证据，并

开始坚信"大陆漂移"的正确性。

1912年，魏格纳在一个学术协会做"根据地球物理学论地质轮廓（大陆与海洋）的生成"的演讲时，第一次提出了"大陆漂移"的论点，并于1915年出版了《大陆与海洋的起源》一书。这本书是在严谨的科学研究基础上写成的，详细论述了现代海陆分布的成因，提出了一个惊人的观点：地球上所有大陆在中生代以前曾经是统一的巨大陆块，称为泛大陆或联合古陆，之后由于大陆漂移而分开了，分开的大陆之间出现了海洋，最终成为现在这个样子。

魏格纳为什么会坚信地球上的大陆在以前是一整块的呢？对此，他曾做过一个形象的比喻：倘若两张报纸碎片按其参差的毛边可以拼接起来，并且上面的印刷文字也可以完美地相互连接，那么我们就不得不承认，这两张报纸碎片是从同一张报纸上撕开得来的。

大陆漂移说公布后，很快震动了科学界乃至全世界。一些评论家在看到该学说大胆而充满想象力的言论后，纷纷惊叹道："这简直就是一个大诗人的梦！"有的年轻学者更是成为魏格纳的忠实拥趸，他们觉得大陆漂移理论如果得到证实，其在人类思想上所带来的影响，完全可以与哥白尼的"日心说"

和达尔文的"进化论"相媲美。

不过，由于时代的局限性，当时魏格纳收到的信息仍然是反对声居多。许多信奉"海陆固定论"的学者认为大陆漂移说太过于荒唐，有的人甚至嘲笑魏格纳，说他明明是个气象学家，却在地质学领域指手画脚，真是不知天高地厚。还有的人觉得，大陆漂移说只不过是"儿童七巧板游戏的发明"。面对无端的嘲笑和人身攻击，魏格纳并没有生气，而是在反对声中不停地为自己的理论收集证据。

在魏格纳十年如一日的努力下，大陆漂移说变得越来越系统、完整，由此引发的学术争论也越来越多。1926年11月，科学界还专门在美国纽约举行了一次关于大陆漂移问题的讨论会。结果，由于当时的地学资料尚不足以支撑学说的正确性，再加上魏格纳本人对大陆漂移的动力来源未能做出有力的论述，最终，大陆漂移学说还是未能得到多数学者的支持。

纽约讨论会的结果对于魏格纳来说是一个不小的打击，但这没有阻挡他对科学真理的探求步伐。为了寻找新的证据，年近50岁的他又开始到处考察。

1930年4月，魏格纳率领一支探险队，迎着北极的暴风雪，第四次登上格陵兰岛进行科学考察。在极寒天气下，当时大多

数人都失去了继续探索的勇气，只有他和另外两个追随者继续前进，最后顺利到达了位于极地中部的基地，开始了新的研究。

11月1日，他在庆祝完自己50岁的生日后冒险返回，途中不幸遭遇暴风雪，倒在了茫茫的雪原上。在冰天雪地里，他失去了知觉。附近基地的人见魏格纳迟迟不见踪迹，很是担心，甚至还曾派飞机前去搜查，但是仍旧一无所获。

直至第二年4月，魏格纳的遗体才被人们发现，而那时他已经与冰川融为一体了。随着魏格纳的去世，与常规科学理论格格不入的大陆漂移说也日趋沉寂，并且这一沉寂就是20年。

直到二十世纪五十年代，随着古地磁学、古生物学、海洋地质学等研究的发展，一些地球板块运动的新证据开始陆陆续续被科学家们发现。在这样的时代背景下，魏格纳的大陆漂移说才又重新引起了人们的重视。

到了八十年代，美国宇航局利用射电望远镜、激光、人造卫星等设备第一次精确地测出了各大陆缓慢漂移的数据，比如

北美洲正以每年1.5厘米的速度远离欧洲大陆，澳大利亚和夏威夷正以每年6.8厘米的速度相互靠拢，并同时双双缓慢地

漂离南美洲……一个又一个的新证据表明了大陆漂移说的正确性。

时至今日，大陆漂移说已经被现代人视为一个科学论断。在这个理论的基础上，科学家们又提出了海底扩张说和板块构造说，进而解决了大陆漂移的动力来源问题。

魏格纳毕生未竟的科学发现终于在几十年后开花结果，并从根本上改变了人类的地球观，给地质学研究带来了一次影响深远的革命。人们为了纪念魏格纳，还专门用他的名字给月球和火星上的陨石坑命名，就连小行星带上的小行星29227也被正式命名为"魏格纳星"。

从瞥见墙上地图的灵光一现，到长期的艰苦研究，科学正是在所有科学家锲而不舍的努力中才有了飞跃式的进步。

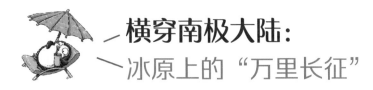

横穿南极大陆：
冰原上的"万里长征"

在地球七大陆地板块中，南极是迄今为止唯一未开发的处女地，也是唯一没有常住居民和未被工业污染的洁净之地。所以，自从人类发现了南极大陆，就一直将其视为一个能进行科学实验的理想之所。

不过，理想之所可不是人类想去就能去的，因为南极洲位于地球的高纬度地区，气候异常恶劣。众所周知，北极是一个非常寒冷的地方，但是它与南极比起来就是小巫见大巫了。

诸多证据表明，南极洲是世界上最寒冷的地区，特别是南极点，冷到滴水成冰的地步，那里内陆高原地区的年平均温度为零下40～零下50℃。1983年7月，人类还曾在南极测到过零下

89.2℃的极端低温。

　　除了极度严寒，南极还是一个名副其实的"风库"。据统计，南极每年有一多半的时间在刮大风，并且风力惊人。1972年，澳大利亚莫森站竟然测到了每秒82米的可怕风速。如果又恰逢降雪，那么暴风雪的出现就在所难免了。届时，那片地区将会天昏地暗，风雪如刀。

　　也正是因为南极常年处于冰天雪地的状态，很多生物都不能在那里生活，以至于南极被一些人称为"白色荒漠"。不过，对于某些生物来说，被白雪与寒冷所包裹的南极大陆却是一个不可多得的乐园。比如企鹅，这些憨态可掬的小家伙就把南极当作了自己的家乡。

　　别看企鹅在这里生活得优哉游哉，要是人类什么装置都不带就前往那里，肯定会冷得受不了。因此，直到十九世纪二十年代后，人类才开始涉足南极，并相继发现这片大陆的不同区域。

南极大陆在以前是一个无主之地，很多国家都想将其一部分占为己有。例如，英国、新西兰、澳大利亚、法国、挪威、智利、阿根廷等国家就曾先后对南极洲的部分地区正式提出过领土要求。

一时之间，关于南极洲的主权之争在世界范围内愈演愈烈。直到1961年6月，《南极条约》（中国于1983年加入该条约）正式生效，南极洲主权之争才缓和下来。

这份条约规定，南极洲不属于任何一个国家，它属于全人类。并且，该条约还明令禁止在南极地区进行一切具有军事性质的活动及核爆炸和处理放射物，冻结目前领土所有权的主张，促进国际在科学方面的合作。

1989年，为了深入探索南极大陆的奥秘，进一步推动国际社会和平利用南极、造福人类，美国和法国联合发起并组织了一支科学考察队，准备完成人类历史上第一次徒步横穿南极大陆的壮举。

这支考察队由中、美、苏、英、法五个联合国安理会常任理事国和日本各派一名人员组成，其中代表中国参加这次科考的是科学家秦大河（现为中国科学院院士）。

众所周知，徒步横穿南极大陆不是一项简单的任务，参与人员除了需要具备勇气和技术，还必须拥有一个强健的身体，否则很难坚持到底。为此，六名队员在训练期间，接受了严格的体检。

然而，身体壮实的秦大河万万没想到自己会被卡在牙齿检查这一关。原来，医生通过检查认为他有10颗牙齿不合格，如果贸然前去南极探险，其牙齿很可能会影响进食。秦大河明白，探险队所吃的食物不同于平日的饭菜，如果因为牙齿问题而影响进食，事后肯定会影响体力补充，进而拖累整个队伍。

怎么办？如果因为牙齿问题而退出，自己固然没什么损失，但去南极探险这么好的机会就白白浪费掉了，况且中国为了这次科学考察已经投入了很多人力、物力。经过一番考虑，秦大河做了一个决定，那就是拔掉10颗不合格的牙，全部换成假牙，从而继续这次任务。

1989年7月26日，一切准备妥当后，秦大河与其他队员一起从长城站（中国建立的第一个南极科学考察站）所在的乔治王岛飞抵位于南极半岛的出发地点——海豹冰原岛峰。

为了稳妥起见，第二天，他们还进行了几千米的试行。在7月28日，秦大河与其他几名队员以及拉着三驾雪橇的四十多条狗，正式踏上了横穿南极大陆的征途。

按照原计划，征途路线由西向东，考察队先穿越南极最高峰——文森峰山脚，到达南极点，然后再穿越南极点至苏联东方站之间的"不可接近地区"（当时那里从未有人徒步走过，人类也没有任何当地相关的气象资料），最后再翻越南极洲东部的极地高原到达终点站——由苏联建造的和平站。

然而，计划赶不上变化，考察队刚出发一周就遭遇了暴风雪。巨大的风力裹挟着雪花使能见度变得特别差，有时候人连前面相距不远的雪橇都看不清。

到了8月下旬，秦大河一行人开始进入巨大冰隙地区。所谓冰隙，就是指冰川上的巨大缝隙，它们大多是由冰川运动造成的，有的深度可达几十米。

按理说，如此巨大的缝隙应该很好辨识。但由于南极气候特殊，这些冰隙上面常常会有大量的冰雪覆盖，使人难以凭肉眼察觉。如果人或者雪橇从上面经过，很容易就踩塌冰雪、跌入冰隙。因此，为了安全，队员们只能用雪杖击冰探路，谨慎行进。

就这样，在种种

因素的影响下，考察队起初的行进速度并不快，有时一天甚至只能前进两三千米。

可是即便在如此艰难的情况下，秦大河除了配合队伍的行进，还要付出更多的劳动，因为他的身上还肩负有采集冰雪样品的科学考察任务。于是，在其他队员休息的时候，秦大河就一个人扛起冰镐、斧子去进行冰川观测、采样。

11月7日，考察队终于完成了第一段2100千米的艰难路程。不过，大家并不怎么高兴，因为他们到达的时间比原计划晚了半个多月。如果再不想办法加快行进速度，他们将无法赶在南极寒季（每年4月至10月，其间没有白天）到来前抵达目的地。那样的话，考察队就很有可能会遭遇特别低温（连拉雪橇的狗都受不了的寒冷），进而导致整个横穿计划失败。

为此，考察队决定轻装前进，扔掉一切不必要的物品。秦大河明白此时重量对于大家来说就是累赘，但什么都可以扔掉，唯独样品和样品瓶不能丢。那可是他参加这次考察最重要的任务啊！于是，秦大河对自己的衣服下了手，凡是近期不穿的，一律扔掉。就这样，考察队在定下40天赶到南极点的"绝对目标"后，又迎着风雪严寒踏上了征途。

当时南极已经处于暖季，但最高气温依然只有零下27℃，

到了晚上温度会更低。秦大河等人休息时虽然有帐篷等其他保暖设备，但每天早晨睡醒后，十根手指仍会冻得无法伸直，需要一根一根地慢慢掰开。

在这样恶劣的条件下，科考队员们也无一人懈怠，而是争分夺秒地向前行进。到了12月12日，考察队终于顺利抵达南极点，比原定的40天足足提前了8天。经过短暂的休整后，他们又于12月15日离开南极点，开始穿越"不可接近地区"。

"不可接近地区"虽然人迹罕至并且充满了未知的危险，但也意味着此地几乎未受到过人类活动的干扰和污染。所以，那里的冰雪是研究南极的珍贵材料。秦大河在穿越这片区域时，为了采集到理想的雪样，常常一个人（单独工作可有效避免影响雪样）挖雪坑并在里面连续工作好几个小时。

1990年1月18日，考察队经过一个多月的跋涉，终于成功穿越"不可接近地区"，来到了苏联东方站。此时，横穿整个

南极大陆的任务就剩下最后一段路程了。然而,由于地理位置原因,最后一段路程的寒季要比南极其他地区来得早,也就是说,在最后一段路程中会穿越一些"低温带",其至一些地方的气温会在零下45℃以下。

不过,一切困难都无法阻挡考察队前进的步伐,6名队员在狗拉雪橇的帮助下,开始全力冲刺,终于在1990年3月3日当地时间晚上7点10分顺利抵达目的地——苏联和平站,完成了这史无前例的冰原上的"万里长征"。

这次徒步横穿南极大陆的科考,共历时7个多月,跋涉5984千米,可谓是二十世纪人类在到达地球的两极、登上地球之巅珠穆朗玛峰、飞上月球之后,取得的又一次具有重大意义的胜利。

另外,这次南极之行,队员秦大河还采集了800多瓶雪样,收集了大量有关南极洲冰川、气候、环境的详细资料,圆满完成了从南极半岛经南极点至和平站的雪层大剖面的观测任务,推动了人类研究南极的进程。

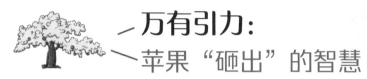

万有引力：
苹果"砸出"的智慧

为什么树叶黄了、果实熟了，最终都要落回地面呢？为什么天上的月亮一直围着地球转而不会飞走呢？为什么人们向上抛一个物体最终都会落下来呢？

这些现象看似普通，背后都隐藏着一个经典的自然规律，即万有引力定律。它揭示了存在于任何两个物体之间的由质量引起的相互吸引力，也就是说世界上的物体之间都存在着一种看不见的力，吸引着彼此。那么，这一自然规律是谁发现的呢？答案是艾萨克·牛顿。

牛顿是十七世纪至十八世纪伟大的科学家，是经典物理学理论体系的建立者。他是个遗腹子（孕妇于丈夫死后所生的孩子），出生于英国的一个小农场主家庭。牛顿3岁时，母亲改嫁，而他本人则被寄养在外祖母家，并在那里度过了自己的童年。由于缺少关爱，牛顿从小性格就有些孤僻，不过这并没有妨碍他拥有强烈的好奇心。与很多孩子一样，童年时期的牛顿也喜欢捣鼓一些小玩意儿，据说他还曾尝试制作过风筝、磨、钟等物件。

到了中学时代，牛顿开始广泛阅读各类书籍，并对化学、物理等自然学科产生了浓厚的兴趣。起初他的学习成绩很一般，甚至还曾一度在班级里排名倒数。直到他迸发出强烈的上进心，开始发奋学习后成绩才有了明显提升。快到中学毕业时，牛顿的母亲打算让他尽快掌管家业（家庭农场），不要再上学了。还好在中学校长和舅父的斡旋下，牛顿得以继续完成自己的学业，并以优异的成绩被推荐到剑桥大学三一学院读书。

然而，就在牛顿欢欣鼓舞地准备上大学之际，他的母亲却拒绝支付学费。无奈之下，牛顿只得以减费生的身份入学，也就是说他可以付较少的学费，但是在课余时间必须根据学校的安排做兼职来补偿减免的学费。这种入学方式虽然较普通学生略显辛苦，但不管怎样，牛顿还是实现了自己的大学梦。

在剑桥大学，牛顿的知识面得到进一步拓展，他极其勤奋

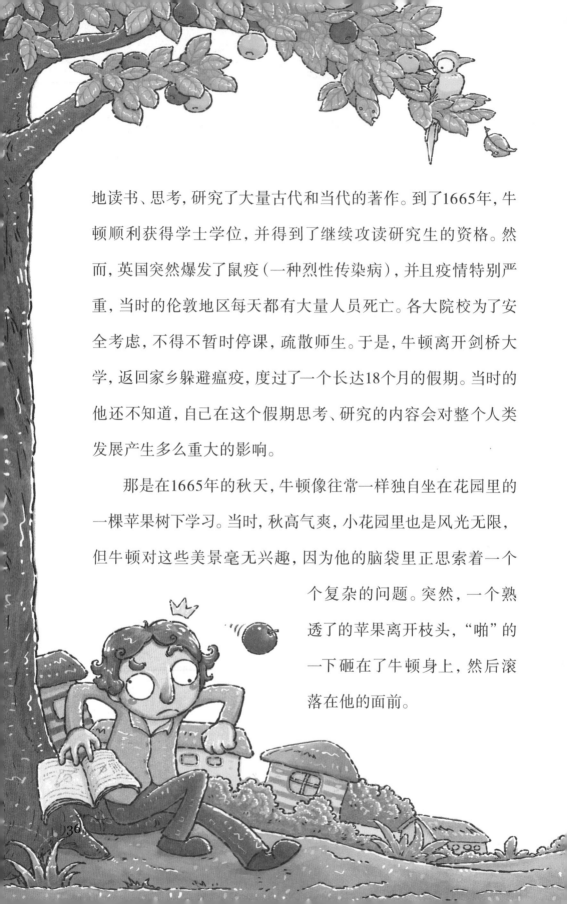

地读书、思考，研究了大量古代和当代的著作。到了1665年，牛顿顺利获得学士学位，并得到了继续攻读研究生的资格。然而，英国突然爆发了鼠疫（一种烈性传染病），并且疫情特别严重，当时的伦敦地区每天都有大量人员死亡。各大院校为了安全考虑，不得不暂时停课，疏散师生。于是，牛顿离开剑桥大学，返回家乡躲避瘟疫，度过了一个长达18个月的假期。当时的他还不知道，自己在这个假期思考、研究的内容会对整个人类发展产生多么重大的影响。

那是在1665年的秋天，牛顿像往常一样独自坐在花园里的一棵苹果树下学习。当时，秋高气爽，小花园里也是风光无限，但牛顿对这些美景毫无兴趣，因为他的脑袋里正思索着一个个复杂的问题。突然，一个熟透了的苹果离开枝头，"啪"的一下砸在了牛顿身上，然后滚落在他的面前。

苹果成熟后落地本是一个十分普通的自然现象，却引起了牛顿的注意。看着地上的苹果，他那好奇的脑袋里不由自主地冒出了一个问题："为什么成熟的苹果会落下来？"最直接的答案当然是苹果的蒂无法支撑苹果的重量，毕竟"瓜熟蒂落"嘛！然而，牛顿并不满足于这个大家公认的答案。他继续追问：苹果为什么要向下落，朝其他方向不可以吗？难道地面上存在着一种"魔法"在吸引着苹果下落吗？

　　为了找到苹果下落的真正原因，牛顿开始把自己学过的知识全部调动起来，并且还查阅了大量的资料，比如伽利略、开普勒等人的书。经过一系列的思考和演算，年仅20多岁的牛顿意识到地球上存在着一种看不见的力量，这种力量就像一只无形的手在"拉"着苹果下落。假期结束时，牛顿虽然没有找到那个肉眼看不到的力量，但苹果坠落瞬间给他带来的灵感以及因此引发的思考，为他日后发现万有引力定律奠定了基础。

　　1667年，剑桥大学复课，牛顿返校继续完成自己的学业并于第二年成功获得硕士学位。自此以后，牛顿开始在科研方面大显身手，并相继在光学和数学领域取得了不错的成就。1672

年,他成功当选为英国皇家学会会员。当时,西方科学界很多重量级人物都在钻研行星为什么围绕着太阳运转的问题,却一直没有答案。牛顿作为科学界的一颗"明星",自然也对这个问题有所关注。而在此期间,当年对苹果落地的思考为牛顿提供了一个新思路。

牛顿根据多年的科研经验,隐约觉得那个无形的力量不仅存在于地球与苹果之间,还存在于宇宙中的各大天体之间。正是由于它的存在,月亮才会绕着地球转,地球、火星、木星等才会绕着太阳转。另外,天体之间的这种力量应该非常大,大到足以把个各天体固定在相应的位置上,最终使得它们在同一片星空中有规律地运动。

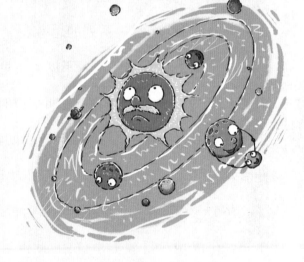

经过一系列的实验、观测和演算,牛顿终于找到了那个无形的力量——引力。在发现"万有引力定律"后,牛顿又很快给出了计算两个物体之间引力的公式。

1685—1686年间，这一伟大科学发现被他写进了《自然哲学的数学原理》一书。该书出版后，很快就震动了整个欧洲科学界，使得牛顿一跃成为当时欧洲最负盛名的数学家、天文学家和自然哲学家。

不过，后来当牛顿谈及自己所取得的伟大成就时，他却谦虚地说："如果我比其他人看得远些，那是因为我站在了巨人的肩膀上。"

万有引力定律的内容被公开发表后，许多科学家开始从多个方面论证它的科学性和正确性。其中，最为人们津津乐道的论证范例恐怕要数海王星的发现了。

1781年，科学家通过望远镜发现天王星后，曾基于观测数据和万有引力定律对这颗行星的运动轨迹做了一番计算。然而，即便人们将木星、土星等天体的引力影响考虑在内，关于天王星运动轨道的计算结果仍然与实际观测之间存在着偏差。

当时，很多人开始对万有引力定律的正确性产生了质疑。不过，也有一些学者坚信万有引力定律没有问题，之所以出现偏差，是因为天王星受到了一颗未知天体的引力影响。按照这个思路，一些科学家开始尝试着从理论上计算出这颗未知天体的具体轨道。

1846年8月，法国天文学家勒威耶用数学方法推算出了该天体的轨道并预测了它的位置。根据勒威耶的预测，柏林天文台的伽勒很快就发现了那颗与人类"躲猫猫"的未知天体——海王星。海王星也因此被后人称为"笔尖下发现的行星"。

　　万有引力定律的发现是十七世纪自然科学伟大的成果，对人类社会进步产生了巨大的影响。时至今日，各国的航天器（比如人造卫星）还在按照这条自然规律"设定"的轨道，在宇宙中飞行着。

　　1968年，美国阿波罗宇宙飞船从月球返航期间，地面指挥系统人员曾问了这样一句话："现在是谁在驾驶飞船？"当时的飞船指令长听后，幽默地回答说："我想是牛顿在驾驶。"

　　牛顿从一个苹果落地现象获得灵感，从而发现了万有引力定律。这虽然听起来多少有些童话色彩，但是并不妨碍人们相信它并口口相传。为了纪念这件事，英国剑桥大学还特地让人在三一学院栽种了一棵苹果树——"牛顿苹果树"，具体位置就在牛顿当年住过的宿舍楼下。

　　据说，这棵苹果树原本生长在牛顿的故乡伍尔索普庄园，那里有一片苹果园，牛顿当年从卧室的窗户望出去，就能看到枝叶在轻轻摇动，还能闻到阵阵沁人的果香。后来，牛顿的母校——剑桥大学派人从这棵苹果树上剪下枝条，将其移栽到了剑桥大学的校园内。

说起来，人类的文明似乎总是和苹果纠缠不清。除了砸中牛顿激发他灵感的那颗苹果外，世界上还有另外两个著名的苹果。一个苹果是西方传说中夏娃在伊甸园偷吃的禁果，人类自此开始繁衍；另一个苹果则被美国苹果公司的联合创始人乔布斯"咬"了一口，该公司开发的苹果产品，受到了全世界人们的追捧。也许还有下一个"苹果"等着你去发现呢！

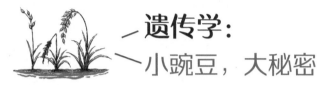

遗传学：
小豌豆，大秘密

相信很多人都听说过这样一句谚语："龙生龙，凤生凤，老鼠的儿子会打洞。"这句话的意思就是，生什么像什么，也就是说生物具有遗传性。

生活中，我们在长相上与自己的父母多少有些相像，这也是遗传在起作用。遗传性是遗传学中的一个重要概念，遗传学的诞生与发展与100多年前的一小片豌豆田息息相关。这片豌豆田的主人便是被人们誉为"现代遗传学之父"的格雷戈尔·约翰·孟德尔。

孟德尔出生于奥地利西里内亚一个名为海因岑多夫的村落（现属于捷克）。他从小在乡下生活，经常跟着父母在田间劳作。这种生活虽然有些艰苦，但也使孟德尔学到了园艺和农业的知识。中学毕业以后，孟德尔凭借优异的成绩考入了奥尔米茨大学，学习古典哲学。由于家境贫寒，再加上那时候他的父亲身受重伤长期不愈，孟德尔备受打击，病得厉害，不得不休学一段时间。

一年后，孟德尔重新振作起来，回到大学继续完成学业。为了不给家里增添负担，他一边上学一边兼职家庭教师的工作。然而，这使得孟德尔的健康状况一度十分糟糕。种种磨难让他在临毕业时做了一个重大决定，即未来自己一定要投身于一个无须为了糊口而四处奔波的行业。于是，在学校老师的建议下，大学毕业后的孟德尔在1843年前往一座修道院，做了一名见习修道士。

修道院的生活无聊且平淡，年轻气盛的孟德尔精力充沛，很不适应修道士这份工作，他常常因此感到苦闷。

修道院的院长敏锐地察觉到了这一点，便将孟德尔安排到当地一所中学，做了一名代课教师，结果没想到他在教学方面竟然天赋异禀，很快就在学生中间有了不错的声誉。

当时，按照规定，从事教学工作的人员除了应具备相应的学历之外，还必须通过教师资格考试。然而，孟德尔在1850年参加中学教师资格考试期间，因未能让主考官们满意，结果被判定为"尚不具备担任中学教师的资格"。

为了成为正式教师，在修道院院长的支持下，他于1851年前往维也纳大学继续深造。在这期间，他不仅受到了相当系统、严格的科学教育和训练，还结识了一些当时的著名科学家。这为孟德尔后来的科研工作奠定了坚实的基础。

1856年，孟德尔完成学业，从维也纳大学回到修道院所在地，继续承担了一段时间的教学工作。但不知出于什么原因，他最终还是没能获得正式的教师资格。

这对于孟德尔个人来说可能是一个缺憾，但对于整个科学界来说却是一种幸运，因为也正是在那个时候，他将自己的全部精力投入到一个长达8年的伟大实验中。

原来，在孟德尔所处的那个时代，欧洲的人们正热衷于通过植物杂交实验，了解生物遗传和变异的奥秘。而研究遗传和变异首先要选择合适的实验材料，孟德尔经过多方考虑后最终选择了豌豆。

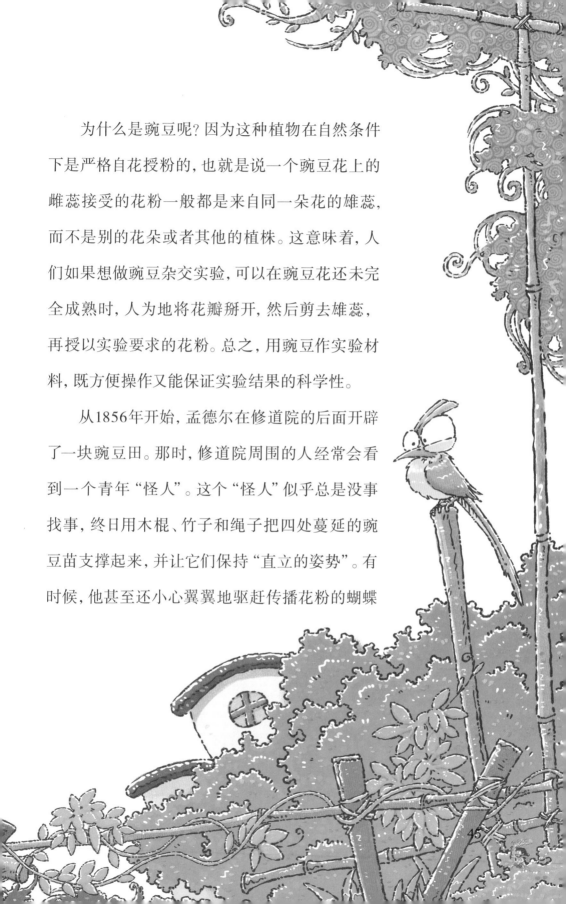

　　为什么是豌豆呢？因为这种植物在自然条件下是严格自花授粉的，也就是说一个豌豆花上的雌蕊接受的花粉一般都是来自同一朵花的雄蕊，而不是别的花朵或者其他的植株。这意味着，人们如果想做豌豆杂交实验，可以在豌豆花还未完全成熟时，人为地将花瓣掰开，然后剪去雄蕊，再授以实验要求的花粉。总之，用豌豆作实验材料，既方便操作又能保证实验结果的科学性。

　　从1856年开始，孟德尔在修道院的后面开辟了一块豌豆田。那时，修道院周围的人经常会看到一个青年"怪人"。这个"怪人"似乎总是没事找事，终日用木棍、竹子和绳子把四处蔓延的豌豆苗支撑起来，并让它们保持"直立的姿势"。有时候，他甚至还小心翼翼地驱赶传播花粉的蝴蝶和甲虫。没错，这个"怪人"就是孟德尔。他当时所做的一系列实验虽然被周围的人称为"毫无意义的举动"，但最终还是坚持了8年之久。

1865年，孟德尔在一个科学协会的会议厅上向大家宣读了自己多年的研究成果。客观上来说，他的这一研究成果绝对称得上是划时代的。然而，由于其实验设计和研究结论太超前了，以至于当时的大多数科学家听得云里雾里，根本不知道他在讲些什么。

即便如此，协会会刊的编辑还是向孟德尔约了稿，他在第二年发表了题为《植物杂交试验》的论文。在这篇论文中，孟德尔开创性地提出了遗传因子（现称基因）、显性性状、隐性性状等重要概念，并阐明了遗传学的两个基本规律，即现在的孟德尔定律：分离定律和自由组合定律。

遗憾的是，由于种种历史原因，孟德尔的重大发现在当时的学术界并没有引起多大的轰动。甚至在他有生之年，这篇《植物杂交试验》论文一直尘封在许多国家的图书馆里，无人问津。

大家可以试想一下，如果你经过长期研究，终于有一个足以改变人们世界观的重大发现公之于众，但结果根本没有人在意，那对自己来说是一种多么沉重的打击。孟德尔也因此失落过、沮丧过，不过他并没有因此而怀疑自己研究的价值。相反，孟德尔一直都在坚持研究与探索，相信自己的遗传学研究成果终会得到大家的认同，他还曾多次告诉外甥："我的时代一定会到来。"

孟德尔说得没错，就在他去世后的第16年，也就是他的论文发表30多年后，他的研究成果开始慢慢被人们所重视。1900年，荷兰人德弗里斯、德国人科伦斯、奥地利人切尔马克通过实验，几乎在同一时期发现了植物遗传的规律。

由于发表论文需要介绍前人的研究情况，于是三人分别去图书馆查阅文献资料。结果，他们不约而同地发现，早在30多年前，孟德尔的论文中已经提出了植物遗传规律。钦佩之余，三人在各自发表的论文中，都谈到了孟德尔的学说，并谦虚地

说自己只是证实了已经去世的孟德尔的观点。至此，人们终于开始真正认识到孟德尔的发现所具有的科学价值，而这一"重现发现"事件也标志着现代遗传学的真正诞生。

孟德尔生前除了是一位修道士，还是当时维也纳动植物学会的会员。换句话说，孟德尔毕生研究的对象并不只有豌豆。实际上，他在养蜂、植物嫁接等领域也做过大量研究。另外，他还曾进行过长期的气象观测，是名副其实的奥地利气象学会的创始人之一。当然，让孟德尔名垂后世的重大科研成果还是他发现的分离定律和自由组合定律。

孟德尔定律引起人们的重视后，遗传学自此便有了坚实的基础并快速发展起来，各种遗传现象也渐渐有了更科学的解释。

如今，孟德尔遗传学原理已经被人们延伸到农林科学的各个领域，特别是被中国科学家袁隆平应用在杂交水稻上，解决了无数人的吃饭问题。选用两个

A型　　B型　　AB杂交型

在遗传学上有一定差异、同时两者的优良性状又能互补的水稻品种进行杂交，就会产生杂交水稻。在同样的条件下，杂交水稻的产量比普通水稻约高两成。

中国杂交水稻研究的成功，引起了国外专家的重视。许多国家要求传授和转让技术。1979年，这项技术输出到菲律宾国际水稻研究中心；1980年，这项技术输出到美国……

回顾现代遗传学的发展历史，谁又能想到这个影响深远的学科竟然会萌发于100多年前的一片豌豆田。孟德尔发现遗传规律的过程向大家表明，任何一项伟大科研成果的获取，不仅需要严谨求实的科学态度和正确的研究方法，还需要坚韧不拔、勇于探索的精神。

试想一下，如果当年孟德尔在长达8年的豌豆实验中半途而废或者因为自己的研究成果不被认可而自暴自弃，那么分离定律和自由组合定律就根本不可能那么早出现，现代遗传学也将因此继续在襁褓中"呼呼大睡"。从某种程度上来说，孟德尔的发现犹如一盏明灯，照亮了近代遗传学发展的前路。

元素周期表：
探索物质世界的金钥匙

众所周知，世界万物是由物质组成的，而物质又是由各种基本化学元素构成的。例如，铅笔芯中最主要的组成元素是碳（化学符号为C）、黄金的组成元素是金（化学符号为Au）、空气中二氧化碳的组成元素是碳和氧（化学符号为O）……那么，这些化学元素之间有没有内在联系？如果有的话，又会遵循什么样的规律呢？

其实，如果你对化学这门学科有所了解的话，就会知道，世界上的元素可不是一群"乌合之众"，而是一支训练有素的"军队"，它们都按照严格的"命令"井然有序地排列着。这个"命令"便是很多人都熟知的元素周期律，即元素的性质随着元素的原子序数（即原子核外电子数或核电荷数）的递增呈周期性变化的规律。为了更直观地显示这种规律，人们通常会使用"元素周期表"。

说起这张表格，相信大家都应该见过，在中国，除了课堂上会讲，它还被附在《新华字典》《现代汉语词典》等工具书的后面。元素周期表虽然不大，却在方寸之间将构成万物的基本元素组成了一个相互联系的完整体系。自从这张表格问世以后，人们便掌握了一把打开物质世界奥秘之门的金钥匙，而这把金钥匙的铸造者便是享誉世界的俄国科学家——德米特里·伊万诺维奇·门捷列夫。

与很多著名科学家一样，门捷列夫出身贫寒。他刚出生没多久，父亲就因双目失明而失去了工作，再加上家庭成员众多，家境每况愈下。为了养家糊口，门捷列夫的母亲不得不携家带口，投靠亲友，帮忙经营一家又破又小的玻璃厂。

那段时光对于整个家庭来说异常艰难，但小门捷列夫依然从中找到了属于自己的快乐。

由于母亲在玻璃厂工作，小小年纪的门捷列夫便经常到工厂里去找妈妈。小孩子往往有着好奇的天性，门捷列夫也不例外。有一次，小门捷列夫像往日一样，又来工厂玩耍。他看到工人将含有石英的沙子、石灰石、纯碱等混合后放入熔窑，竟变成了液体，然后经工人一番操作后又变成了漂亮的玻璃瓶等器皿。

"为什么沙子跟石头可以变成玻璃呢？"小门捷列夫带着疑问向工人寻求答案，工人们也不懂。于是，他又跑到父亲那里询问了一番，父亲笑着回答说："那是因为它们发生了化学反应……"当时，小门捷列夫并没有听明白父亲的解答，但也不妨碍他从此以后对化学着了迷。

为了探索更多的化学秘密，门捷列夫在学业方面一直都很刻苦努力，1850年还进入到彼得堡师范学院学习化学。20岁时，他在一位教授的指导下写出了自己人生中的第一篇论文《芬兰褐帘石的化学分析》。这篇论文在当时不仅广受好评，还显示出门捷列夫在科研方面有着非凡的潜力。

1857年，由于科研能力出众，年仅23岁的门捷列夫便成为彼得堡大学化学系副教授。在任职期间，门捷列夫负责讲授有关化学理论方面的课程，但这件事却没少给他添麻烦。

原来，当时化学界虽然已经发现了多达63种化学元素，但对于应该按照什么次序来排列它们的位置依然没有统一的说法。除此之外，化学界还面临着很多棘手的问题，比如自然界中到底有多少种化学元素；元素之间有什么特殊联系；新的化学元素应该怎样去发现；等等。也就是从那时起，门捷列夫开始苦苦寻找化学元素的科学分类方法，而要做到这一点就必须先仔细研究当前已知化学元素之间的内在联系。

于是，他找来一些卡片，把这些元素信息都写在卡片上。每一张卡片上都写有元素名称、原子量、化合物的化学式和主要性质。为了方便随时研究，门捷列夫还把它们分成几类，摆放在一张宽大的实验台上。接下来的日子，他对元素卡片进行了系统的整理和研究。

令人哭笑不得的是，他的研究在家人眼里却是另一幅景象——这明明是在玩牌嘛！看到一向珍惜时间的他突然对"纸牌游戏"热衷起来，家人感到十分诧异。而门捷列夫依然旁若无人，每天手拿元素卡片像玩纸牌那样将它们收起、摆开，再收起、再摆开，边思索边反复摆弄……

实际上，当门捷列夫在化学的海洋里徜徉时，世界上很多科学家也在苦苦探索化学元素之间的内在联系。其中，有的科学家已经取得了不小的突破，比如德贝莱纳和纽兰兹都分别在一定深度和不同角度客观地叙述了元素间的某些联系。然而，由于他们没有将所有化学元素作为整体来研究，所以还是没能找到化学元素的科学分类方法。

门捷列夫在冥思苦想的同时，也没有忘记给自己"充电"。为了提升科研能力，1859年，他专门前往德国海德堡大学深造。来年9月，门捷列夫还参加了在德国卡尔斯鲁厄举行的国际化学家代表大会。在这场学术会议上，他极大地开阔了眼界，也结识了很多化学界的朋友。1865年，门捷列夫顺利获得博士学位，并于1866年成为彼得堡大学普通化学教授。

然而，荣升教授这件事并没有让门捷列夫高兴太久，因为他努力多年还是没能在杂乱无章的元素卡片中找到化学元素内在的规律。

1869年2月的一天，他像往常一样又摆弄起那些元素卡片。难道化学世界就这样毫无章法？难道化学元素之间真的不存在任何关系？门捷列夫一边思索一边看着手中的"纸牌"。由于连续几日都在聚精会神地研究此类问题，他已经相当疲惫了。

于是，门捷列夫不知不觉间便进入了梦乡。

也许是太过于专注研究化学元素了，门捷列夫竟然做了一个与此相关的奇怪的梦。在梦中，元素卡片仿佛活了一般，竟然随着相对原子质量的增大排列成一张从未见过的表格。

梦到此处时，门捷列夫立即醒了过来，然后趁着还有印象赶紧把梦中的那张表格画了下来。"天哪，这真是我人生中最美好的一天！"

门捷列夫欣喜若狂。当他把已知的63种化学元素按相对原子质量的增大顺序排好后，它们之间的内在联系终于浮出了水面：元素的性质呈周期性的变化。另外，门捷列夫还发现，在这张表格中，从任何一种元素数起，每数到第八个元素，它的性质就和第一个元素的性质相近，他把这个规律称为"八音律"。

在找到化学元素的内部联系后，1869年3月，门捷列夫向科学界发表了自己发现化学元素周期律的报告，并列出了世界上

第一张具有划时代意义的表格——化学元素周期表。

1871年，门捷列夫又发表了论文《元素的自然体系和运用它指明某些元素的性质》，对先前的元素周期表进行了修订，将竖列的表格改为横排，突出了元素族和周期的规律性，并划分了主族和副族，使之基本上具备了现代元素周期表的形式。

除此之外，门捷列夫还根据自己发现的规律对当时还未知的元素做了大胆预言，并在元素周期表中留下了相应的空位。例如，他当时预言的"类铝""类硅"两种元素，意思就是说它们的性质与铝、硅相似。

刚开始时，门捷列夫的元素周期表在学术界引起了极大的轰动，但一些化学界的权威人士依然没有给予这张小小的表格足够的重视，甚至还冷言冷语地对他进行嘲讽。

但真理的光芒岂是几片小小的乌云就能遮蔽的，随着门捷列夫预言的元素——被各国的科学家所证实，元素周期表的科学性也很快得到了人们的认可。

元素周期律的发现以及元素周期表的发表，使得科学家们拥有了一张线索极多的"藏宝图"，他们可以按图索骥，去发现、研究那些尚未进入人类视野的化学元素。因此，1869年之后，社会上便掀起了发现新元素和研究无机化学理论的热潮，而门捷列夫也成为举世闻名的大科学家。

然而，当有些人得知门捷列夫发现元素周期律的灵感来自一个梦时，竟认为他的成功只是因为"偶然的运气"罢了。

有一次，一个报社的记者就曾用类似的语气采访门捷列夫。门捷列夫听后，立即严肃地回答说："关于元素周期律的问题，我苦苦思索了那么多年才找到。有的人却认为，我只是坐在那里闲着没事画表格，然后因为一个梦就突然写成了! 事情怎么可能那么简单呢!"

梦确实给门捷列夫带来了灵感，但是，如果没有十年如一日的潜心研究，又哪里会有带来灵感的梦啊! 毕竟顿悟来自长期的积累，而门捷列夫后来的格言也向人们诉说了这个道理——没有加倍的勤奋，就既没有才能，也没有天才。

如今，经过150多年的发展，元素周期表依然是现代化学研究中最重要、最基础的理论之一，而上面的元素数目也从最初的63种扩充到了现在的118种。

在这些化学元素中，有32种是放射性元素。其中8种是天然放射性元素，24种是自然界极少存在或完全没有的，是用核反应制取的人工放射性元素。

门捷列夫的元素周期表在帮人们打开物质元素大门的同时，也让很多人不由自主地产生了一个疑问，即随着人类科技的进步，元素周期表上的元素会不会很快就被全部找到？对于这一问题，目前科学家们普遍认为元素周期表没有终点。

不过，发现新元素之路将变得越来越困难，因为这些元素的寿命都很短，有的只有一百亿分之一毫秒左右（1秒等于1000毫秒）。从某种程度上说，它们是元素周期表的短暂住户。然而，即便如此，世界上依然有许多科学家在孜孜不倦地研究着，也许下一个新元素正等着你去寻找呢。

改良蒸汽机：
蒸汽时代的开拓者

  在许多影视剧中，我们会看到这样一个场景：一列冒着浓浓白烟的火车从远方驶来，长鸣的笛声伴随着巨大的轰鸣声呼啸而过。这种火车是蒸汽时代所特有的一种交通工具，而为其提供动力的就是蒸汽机。

  蒸汽机是利用水蒸气的能量推动机械运动的大型机器，它的出现曾引发了十八世纪的工业革命。甚至到二十世纪初，蒸汽机仍然是世界上最重要的原动机，后来才逐渐被内燃机和汽轮机所取代。说到这里，你一定会想到一个人，没错，他就是被后人誉为"蒸汽大王"的瓦特。不过，与很多人想象的不同，瓦特并不是蒸汽机的发明者，而是改良者。

实际上，早在瓦特出生之前，英国人萨维利和纽可门就分别于1698年和1705年独立发明出了蒸汽机。到了1712年前后，英国很多矿井的抽水泵都已经用上了这种机器。然而，由于那时的蒸汽机存在效率低下、燃料消耗量大等缺点，所以使用范围非常有限，以至于问世多年也没能大规模应用于社会生产。直到瓦特的出现，蒸汽机才得到实质性的改进。

瓦特出生于苏格兰的格里诺克，父亲是一位木工兼造船工。也许就是在父亲的影响下，他自小喜欢技术和几何学，并且对一切未知的事物都有着强烈的好奇心，是个喜欢问"为什么"的孩子。而瓦特之所以对蒸汽机感兴趣，也是源自童年时期一个偶然的发现。

当时，小瓦特像往常一样待在厨房里看外祖母做饭，灶上放着一个盛满水的茶壶。不一会儿，水烧开了，茶壶盖在蒸汽的作用下被顶得啪啪作响，并不断地往上跳动。

小瓦特见状便饶有兴致地观察起来，他发现，只要蒸汽不停地往外冒，茶壶盖就会跳个不停。另外，他还尝试用杯子或其他物品遮在水蒸气喷出的地方，试图弄明白蒸汽的力量到底有多大。这种危险的行为让外祖母十分生气，不过小瓦特却从此对如何利用蒸汽的力量着了迷。

1753年，辍学在家的瓦特前往格拉斯哥的一家工厂当学徒。不过，好学的瓦特到那里没多久便觉得学不到什么真正的技术，便又辗转前往伦敦学习仪器制造。1757年，瓦特从伦敦回到格拉斯哥，继续学习机械技术。

学徒生涯虽然又苦又累，但这些经历磨炼了瓦特的心志，提升了他的专业技能。所以，没过几年，年轻的瓦特便成长为一个技术过硬的机械师。后来经人推荐，他进入格拉斯哥大学担任仪器修理工。

1764年的一天，校方突然找瓦特去帮忙维修一个大物件。原来，学校从伦敦购买的纽可门蒸汽机出现了故障。瓦特接到通知后，立即前去查看，并很快完成了维修。为了验证维修结果，他还专门给小锅炉灌上了水，然后点火运行。不一会儿，这台蒸汽机便正常工作了。

按理说，故障已经排除，瓦特的工作也到此结束。但细心的他又排查了一番，发现这种

蒸汽机有很多缺点，需要消耗很多热量，使用时几乎四分之三的能量都被白白浪费掉了，效率极低。于是，勤奋好学又肯钻研的瓦特决心改良这种蒸汽机。

改良蒸汽机，说起来简单，做起来可不容易。其中，最重要的一点是要找出原来蒸汽机工作效率低下的具体原因，否则就无法"对症下药"。为此，瓦特开始没日没夜地研究，没过多久他便发现，蒸汽机效率低下主要是由于蒸汽在气缸内冷凝，致使气缸不得不反复加热造成的。然而，这一问题解决起来异常麻烦，瓦特冥思苦想也没有任何头绪，很是郁闷。

1765年春天，瓦特为了排遣烦闷心情，常常出门散步。有一天，他散步时突然灵光一闪，既然蒸汽在气缸内冷凝会影响蒸汽机的效率，那么如果设法让蒸汽在气缸外冷凝会出现什么结果呢？于是，一个采用分离冷凝器的想法诞生了，并且他还趁热打铁设计出了世界上第一台带有分离冷凝器的蒸汽机。

不过，要想把图纸上的蒸汽机变成真实的蒸汽机，还需要许多资金，以及必要的材料和设备等。可当时的瓦特根本没有多余的钱财，就连工作所得的薪水也仅能维持正常生活罢了。怎么办呢？这可真是巧妇难为无米之炊啊！

为了筹集到足够的研究资金，瓦特开始向身边的亲朋好友求助。身边的朋友都很支持他的研究，好友罗巴克更是无条件地给予了大量资助。

就这样，历经三年多的努力，瓦特终于在1769年生产出了第一台改良蒸汽机的样机。可惜的是，这台蒸汽机虽然在热效率方面较以前有了显著提高，但其他方面的性能表现却不怎么理想，活塞漏气问题依然很严重。结果，瓦特初次改良的蒸汽机并没有多少销量，反而使得全力支持自己的朋友罗巴克差点破产。

初次试水非但没有成功，反而损失惨重，这使得瓦特一度感到绝望。不过，罗巴克并没有因此埋怨瓦特，反而通过自己的关系给瓦特介绍了一位新朋友——实业家博尔顿。

博尔顿了解情况后，十分看好瓦特的研究，便表示愿意进行资助。当时,博尔顿除了是位企业家之外,还是科学社团"圆月学社"的主要成员之一。他见瓦特是个不可多得的工程师,便将其吸纳进了社团。瓦特也因此结识了一大批科学家、学者以及科学爱好者。

在博尔顿等人的支持下,瓦特又开始全力研究起新式蒸汽机。与此同时,人类的机器加工技术也迎来了巨大变革,尤其是镗床(当时主要用来加工大炮的弹道内壁)的出现,使得蒸汽机活塞漏气问题有了新的解决方案。

1776年,瓦特终于组装出了两台蒸汽机:一台是为一个煤矿研制的排水用蒸汽机,另一台是为一家工厂研制的专门给高炉鼓风用的蒸汽机。与传统蒸汽机相比,这种新型的蒸汽机在提供同等动力的情况下,所需燃料量仅为原来的四分之一。

那么,这是不是意味着瓦特研制的蒸汽机已经可以充当通用动力机,用于各类机器了呢?很可惜,不是。另外,别看这两台蒸汽机个头不大,造价却大得惊人。瓦特为了研制它们,已经到了负债累累的地步,就连资助他的博尔顿也濒临破产,不得不抵押家产去贷款。由此可知,改良蒸汽机的研究在当时可谓一件颇具风险的事情,这不,短短几年间就有两大企业家因此差点儿破产。

当瓦特又一次陷入经济困难时，他的一个朋友为其在俄国谋求了一份高薪的工作，希望能帮助他摆脱困境。但是，瓦特不甘心就这样放弃蒸汽机的研制，而濒临破产的博尔顿仍然一如既往地支持瓦特的研究。就这样，愈挫愈勇的瓦特再次开启了改良蒸汽机的征程。为了让自己的蒸汽机适应各行各业的需求，他开始着手研制一些附加的机械装置。

到了1781年，瓦特研制的蒸汽机已经由单一动力机变成了可用于多种动力机械的"万能原动机"。随后又经过几年的改进，他终于成功地研制出了一种可广泛应用于各类机器上的新式双向蒸汽机，这便是鼎鼎大名的瓦特蒸汽机。

从最初接触蒸汽技术到成功研制出瓦特蒸汽机，瓦特走过了二十多年的艰难历程。虽然多次受挫、屡遭失败，但他百折不挠，坚持不懈，终于完成了对老式蒸汽机的革新，使蒸汽机得到了更广泛的应用。

到了十九世纪，瓦特蒸汽机走向全世界，从此蒸汽动力代替人力，人类社会进入了"蒸汽时代"并迎来了近代史上第一次工业革命。而瓦特以及曾经资助过他的朋友，也因占领了工业动力市场，获得了不小的经济收益。

1819年8月25日，瓦特在家中去世。当时，在他的讣告中有

这样一段评价改良蒸汽机的话："它武装了人类，使虚弱无力的双手从此变得力大无穷，并健全了人类的大脑以处理一切难题。它为机械动力在未来创造奇迹打下了坚实的基础，将有助于报偿后代的劳动。"

其实，瓦特本人不但改良了蒸汽机，还发明了许多东西，比如简便测距仪、透视图制图机、液体比重计、文字复印机等。从某种程度上来说，他是一个名副其实的大发明家。人们为了纪念他，便将计量功率的单位名称定为了"瓦特"，并一直沿用至今。例如，生活中的灯泡、电视机、手机充电器等上面标注的"××W"中的"W"，就是"瓦特"的简称。

瓦特改良的蒸汽机虽然已经随着时代的进步，被人类慢慢抛弃，但它的历史功绩至今仍被人们铭记，而瓦特也因此成为了世界公认的近代第一次工业革命的伟大旗手。为了纪念他，英国至今有很多以瓦特命名的道路。

电磁感应：
开启电气时代

相信很多人都玩过磁铁吧！所谓磁铁，就是那种可以吸引铁、钴、镍等金属的磁石，它们在生活中常被人们称为"吸铁石"。而你知道吗，磁铁所带有的那种磁性与我们现在每天所使用的电之间存在着一种特殊关系。而正是这种关系的发现，促使了发电机的出现，也使得人类由此快速步入了电气时代。

那么，首先发现这种关系的人是谁呢？他就是被后世誉为"电学之父"和"交流电之父"的英国科学家法拉第。

1791年9月22日，法拉第出生在一个贫苦的铁匠家庭。5岁时跟随父母来到了伦敦，随后便在当地一所学校里读书。然而，由于家庭贫困，法拉第没上几年学便被迫肄业，到一个书商家里当学徒。起初，他的工作是负责送报，后来又开始学习书籍报刊的装订。装订工作虽然很辛苦，但也让年少的法拉第接触到了不少书籍。

在书店当学徒期间，法拉第借着工作的便利阅读了大量书籍，汲取了许多自然科学方面的知识，尤其是《大英百科全书》中关于电学的文章，更是激发了他对科学研究的热情。另外，法拉第还努力地将书本知识付诸实践，进行简单的化学和物理实验。据说，他当时还曾与朋友们建立了一个学习小组，常常在一起讨论问题、交流思想。

法拉第的好学行为引起了周围许多人的注意。1812年的一天，某个经常光临书店的老主顾见法拉第如此好学，便给了他一张皇家学院讲座的入场券。法拉第欣喜若狂，因为这可是自己仰慕已久的大科学家汉弗莱·戴维的化学讲座。

在这位老主顾的帮助下，法拉第聆听了几次戴维的演讲。每次听演讲时，他都认认真真地把戴维所说的话记录下来，然后整理成稿。同年10月，法拉第把整理好的演讲记录托人送给戴维，并附带了一封信。

在信中，法拉第自述身世并表达了自己献身科学的决心，希望能有机会跟随戴维学习。当时的戴维虽然名声显赫，但其出身与法拉第差不多，曾经也是一个穷人家的孩子。看了法拉第的信，戴维感同身受，接见了法拉第，最后甚至还同意这个年轻人做自己的实验助手。自此，法拉第开始了自己真正的科研生涯。

当法拉第刚开始在科学之路拾级而上时，科学界就已经有人在关注电与磁的问题了，但一直没有人搞清楚它们之间的具体关系。直到1820年，丹麦科学家奥斯特一个偶然的发现，才让整个科学界掀起了研究电与磁的热潮——

那年4月的一天，奥斯特在演讲有关电和磁的问题时，打算做一个演示实验。结果，在搭建实验仪器时，奥斯特发现当他把电线接到电池两端进行通电的一瞬间，放在导线旁边的小磁针竟然出现了轻微的晃动。这个晃动虽然不怎么明显，却让奥斯特激动不已，因为他对这一反应期待已久。随后，奥斯特又尝试了几次，最终他意识到：电流可以产生磁力。同年夏天，他以论文的形式公布了这一发现。

1821年，奥斯特的发现在欧洲引起了巨大轰动。当时，英国《哲学年鉴》的主编想找人撰写文章，评述一下自奥斯特的发现问世以来，电磁学实验的理论发展概况。于是，他们找到了戴维，而戴维由于工作繁忙便将这件事交给了法拉第来处理。

法拉第接到导师的委托后，就开始着手收集相关资料，而当他在读到奥斯特关于电流磁效应的论文时，便被深深地吸引了。通过奥斯特的实验，法拉第认为电与磁是可以和谐共存的。既然电能生磁，他坚信磁亦能生电。

　　实际上，除法拉第外，当时的很多科学家也从直觉上认为磁可以生电。为此，他们还纷纷做了许多尝试性的实验，但包括法拉第在内的科学家们的实验都以失败告终了。后来，随着失败次数的增多，很多人放弃了，但法拉第一直坚持了下去。这一坚持就是10年。

　　1831年的一天，法拉第通过实验发现，用电池给一组线圈通电（或断电）的瞬间，另一组线圈中的电流计指针会出现微小的偏转，这意味着那里有感应电流出现。法拉第见状高兴极了，又赶紧重复做了好多次实验，很快便证实当磁作用力发生变化时，另一个线圈中便会有电流产生。后来，他又相继设计出各种各样的实验，最后发现，当磁体与闭合线圈相对运动时，在闭合线圈中会产生电流，而这种现象便是"电磁感应"现象。

电磁感应现象的发现，使得人类找到了一条在电池之外大量产生电流的新道路。1831年下半年，法拉第研制出一台圆盘发电机。虽然结构简单，但的的确确称得上是世界上第一台发电机。它的出现奠定了电磁学的实验基础，把人类带到了电气时代，再次引发了工业革命。

接下来的几年，法拉第又通过多方研究，终于建立起了完善的电磁感应定律。由于这是一项具有划时代意义的科学发现，法拉第一跃成为举世瞩目的科学家。同时，荣誉和鲜花也纷至沓来，牛津大学授予他名誉博士学位、法国科学院邀请他去讲学……

然而，法拉第的生活依然十分清贫，微薄的薪水也仅能糊口。说到这里，估计会有人愤愤不平：一个做出巨大贡献的科学家竟然会在经济方面陷入窘境，这实在太不可思议了！其实，早在1831年，英国皇家学院就有人提出给法拉第增加薪水，但因为学院的经济情况不佳，这个建议没有被采纳。

　　生活上的拮据会使很多人失去理想以及前进的动力，法拉第却泰然处之，毫无怨言。1835年，英国内阁首相罗伯特·皮尔爵士建议设立一项基金，奖励给那些在科学或者文学领域做出突出贡献的人。皮尔首相很赏识法拉第的才华，曾当众说道："我相信，在活着的学者当中，没有一位比法拉第先生更有资格得到政府的关照。"

　　谁知，当法拉第知道这个消息以后，竟马上给首相写了一封信，表示自己完全可以自食其力。实际上，在寄出这封信以前，所有知道此事的朋友都曾试图劝阻法拉第，他们觉得这样做多少有些失礼，而且他的生活境况确实窘迫。但法拉第还是

坚持己见，拒绝了这笔不菲的奖金。

除了视金钱如粪土外，法拉第对于名誉和地位也看得很轻。据说，1835年12月底，伦敦一家著名报纸突然在头版头条登出法拉第的照片，并用醒目的黑体字写道：法拉第教授即将被授予爵士爵位。另外，照片的下方还对"未来的贵族法拉第爵士"做了一番绘声绘色的描写，说他爱唱乡村歌曲，喜欢绘画，并且绘画才能连专业画家都望尘莫及。

法拉第见报纸对自己大肆吹捧，无惊无喜，毫不在意，仍然做着自己的研究工作。而他的朋友们看到报纸后，纷纷跑过来询问授爵消息的真假，并表示要提前为他庆祝。法拉第对此一笑了之，然后若无其事地回答说："没那回事！再说我对爵士称号没什么兴趣，要它干什么？"

不过，没多久内阁就传出消息，皇室的确考虑要封法拉第为爵士。但是当内阁几次派人向法拉第说明此事时，他竟然——

谢绝了。大家可能有所不知，在英国如果一个人被皇室授予贵族称号，那可是一种至高无上的荣耀。英国很多科学家，如牛顿、戴维等人都获得过此项殊荣。

周围的人看到法拉第拒绝接受爵位，很是奇怪，问他原因。法拉第说："我以身为平民为荣，并不想变成贵族。"1857年，他又谢绝了英国皇家学会会长的提名，始终心甘情愿地以平民的身份履行着自己献身科学的诺言。

与很多整日待在象牙塔里搞研究的科学家不同，法拉第除了认真搞科研之外，还非常热心科学传播工作。他在担任皇家研究所实验室主任后不久，就很快发起了星期五晚间讨论会和圣诞节少年科学讲座。

据统计，法拉第在星期五晚间讨论会上做过一百多次讲演，在圣诞节少年科学讲座上坚持讲演了19年之久。为了吸引少年儿童们更多地关注科学，法拉第还专门编写了一些趣味性极强的科普小册子，其中《蜡烛的故事》至今还在世界各地流传着。

法拉第把人类带进了电气时代，后世的人们在享受他带来的科技成果的同时，没有忘记这位伟人，选择用"法拉"作为电容的国际单位。

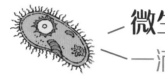 # 微生物：
一滴水里的秘密

　　众所周知，在大自然中，除了生活着众多的动植物之外，还存在着大量肉眼看不到的微生物，比如细菌、真菌、病毒等。它们中的很多成员一旦入侵人体，就很可能引发疾病。所以，为了防范有害病菌，我们从小就被大人们一遍遍叮嘱：饭前便后要洗手，不要喝生水，多注意个人卫生……

　　然而，这些人尽皆知的生活常识，在几百年前，别说普通百姓，就连赫赫有名的科学家也全然不知，因为当时的人们还不知道世界上有微生物的存在。那么，是谁第一个打开微生物这个"小人国"的大门呢？他，就是被后人誉为"显微镜之父"的安东尼·列文虎克。

1632年10月24日，列文虎克出生在荷兰代尔夫特市的一个普通工匠家庭。他的童年还未过完，父亲便撒手人寰，这让原本就不富裕的家庭雪上加霜。后来，为了维持生计、贴补家用，列文虎克不得不选择辍学，到一家商店里当学徒。

　　16岁那年，他经过深思熟虑，离开家乡前往荷兰最大的城市阿姆斯特丹谋生。当时，他在一家布店里工作，布店的旁边是一家眼镜店。工作不太忙时，列文虎克便经常到旁边的眼镜店观察老师傅磨镜片。

　　别看列文虎克没上过几天学，他对知识的好奇心可一点儿不比专业的研究人员差。他见眼镜店里到处都是功能奇特的镜片，便立即对磨制镜片着了迷。

　　列文虎克在业余时间跟随眼镜店里的师傅学习磨制镜片的手艺，甚至在晚上也挤出时间研究、磨制、装配玻璃透镜。这在大多数人看来是一项枯燥费时的事情，但在列文虎克看来却是一种享受。

　　功夫不负有心人，没过几年，年纪轻轻的他便掌握了基本的镜片磨制技艺，并在此期间学会了很多有用的科学知识。

　　几年之后，列文虎克返回了自己的家乡代尔夫特，凭借自己学到的手艺开了一家布店。由于经营状况不好，他不得不四处奔波，兼职一些差事贴补家用，为此还当过一段时间的看门人。看门人这项工作虽然收入不高，但很清闲，这使得列文虎克有大量的时间继续研磨镜片。

有一次，他从一位朋友那里得知，阿姆斯特丹有许多眼镜店除了磨制镜片之外，还磨制放大镜。强烈的好奇心使得列文虎克想买个放大镜看看，可放大镜价格昂贵，他又囊中羞涩，便决定自己尝试磨制镜片。

费了很多功夫，他终于磨制成了小小的透镜。不过，列文虎克并没有因此感到满足，他继续刻苦钻研，改进透镜的精度。据说，他当时磨制的镜片小而精致，有的透镜甚至可以小到直径仅数毫米。

后来，经过一番摸索，他终于熟练掌握了一种制作显微镜的技术：即将两枚透明的双凸玻璃片（凸透镜）隔开一定的距离，分别固定在一个金属块上，然后在它们中间安装一根可以调节两个镜片距离的螺旋杆。这就是列文虎克自制的显微镜，虽然看起来结构简单，但分辨率不错。

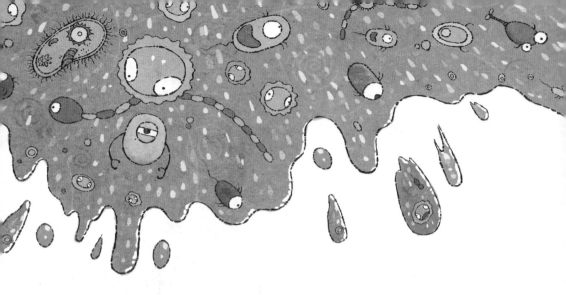

　　实事求是地说，列文虎克并不是第一个制作出显微镜的人。早在1590年前后，荷兰眼镜制造匠亚斯·詹森父子就曾制作出世界上第一台光学显微镜。不过，由于那台显微镜放大倍数较低（只有10~30倍），仅能用于观察类似跳蚤的小虫子，所以对后世没有产生太大的影响。随后，伽利略等人也制作出了由两面凸透镜构成的复合显微镜，但受限于当时的透镜制作技艺，放大能力依然有限。而列文虎克的显微镜得益于透镜精度的提高，分辨率远超当时世界上其他的显微镜，这也为他发现微生物世界提供了条件。

　　列文虎克制作出自己的第一台显微镜后，便一发不可收拾，开始全身心投入这项工作。起初，他的兴趣主要是如何制作性能优良的显微镜，而不是用其探索未知世界。但是，一次不经意的观察让他打开了一扇通往微生物世界的大门。那天，列文虎克在好奇心的驱使下，用自制的显微镜观察了一滴水，谁知映入眼帘的景象让他大吃一惊。只见镜片下存在着很多蠕动的小生物，有一些是圆形的，其他大一点儿的则是椭圆形的。后来，他在记录中还谈到了当时的情景：

"我看见头部附近有两条小腿，在身体的后面有两个小鳍。另外的一些比椭圆形的还大一些，它们移动得很慢，数量也很少。这些微生物有各种颜色，有的白而透明；有的是绿色的，带有闪光的小鳞片；有的中间是绿色的，两边是白色的；还有的是灰色的。这些微生物大多能在水中自如地运动，向上、向下或原地打转儿，看上去真是太奇妙了。"

列文虎克用自制的显微镜，首次看到了细菌和原生动物，成为世界上第一个微生物的探索者。看到微生物，这对于人类来说绝对称得上是前所未有的发现。为了把这些发现分享给更多的人，列文虎克还将自己的实验报告以信函的方式发给了当时的学术权威机构——英国皇家学会。

然而，列文虎克的发现一开始并没有引起英国皇家学会的重视，因为那里的人觉得他没受过严格的科学训练，连科学家普遍使用的拉丁文都不会，其研究肯定没什么太大的价值。

不过，列文虎克并没有放弃，而是不断地把自己的最新成果发给英国皇家学会，最终还是引起了一些人的关注。1677年，英国皇家学会会员罗伯特·胡克根据列文虎克的报告制作了一架显微镜，并亲自进行了观察，结果证实这位荷兰人说得没错，世界上的确存在着很多肉眼看不到的"非常微小的动物"。

由于罗伯特·胡克在当时的科学界享有崇高的地位，所以他的认可立即在社会上引起了巨大的反响。随后，越来越多的人开始对列文虎克的报告进行科学实验，列文虎克本人也因此声名鹊起。

鉴于列文虎克的发现与研究有着重要的开创性意义，英国皇家学会最终在1680年正式将其吸收为学会会员。一个从未受过高等教育的看门人，竟然成了人人敬仰的科学家，列文虎克的成功在当时简直称得上是一种奇迹。

随着列文虎克的名声大噪，社会上也出现了另外一种声音，有些人觉得列文虎克并没有什么本事，不过是凭借运气才偶然有了一项重大科学发现。但是，仔细去分析列文虎克的成名

过程，你会发现如果不是列文虎克十年如一日地磨制高精度镜片，从而制作出质量远超前人的显微镜，他又怎么能发现微生物世界呢？

有一次，某位记者在采访列文虎克时，曾问过他："先生，你能谈谈你的成功秘诀吗？"列文虎克听后，微微一笑，并没有立即作答，而是伸出双手，平静地说："秘诀就是这个！"记者定睛一看，他那双手上布满了老茧和裂纹，这些都是他长期磨制镜片而留下的！总之，一分耕耘一分收获，他的成功正是他长期努力的结果。

获得科学家头衔和巨大声誉后，列文虎克并没有放松自己的研究，而是如饥似渴地继续在微生物世界里进行探索。为了将自己观察到的微观世界展现给普通大众，他对观察对象进行了大量的定量描述，并绘制了相应的插图。

1683年，列文虎克曾向《皇家学会哲学学报》提供了人类历史上第一幅细菌绘图。1684年，他还准确地描述了红

细胞，并证明马尔皮基推测的毛细血管是确实存在的。这些前所未有的发现轰动了世界。

据说，为了让列文虎克用他那奇妙的显微镜进行观察，荷兰的一些商人专门组织船队不远万里地前往亚洲，去为他收集各种昆虫。连地位显赫的英国女王访问荷兰时，也会专门到代尔夫特拜访列文虎克。如果说年轻时的列文虎克无人在意，也无人关注，那么成名后的他可谓一颗冉冉升起的新星，达官贵人们都争相与其结识。

1723年7月7日，成就斐然的列文虎克在家中因病去世，享年91岁。这个曾经的看门人生前为人类打开了通向微观世界的大门，死后还为科学界留下了一份珍贵的遗物：显微镜的制作方法以及他亲自制作的当时性能最好的几十台光学显微镜。

列文虎克虽然去世了，但他发现的那个微生物世界，至今仍然深深地影响着人类，那些细微的生物等待着像列文虎克那样有着强烈好奇心的人去进一步了解与研究。

X射线：
看清身上的每一块骨头

　　"哎哟，我的脚好痛！""不会是骨折了吧？"当摔倒在操场上的孩子被送进医院时，医生通常会让他先去拍一张X光片。所谓X光片，就是使用X射线对人体特定部位进行穿透照射后，形成的骨骼影像照片。它可以有效地辅助医生进行病情诊断，是骨折的首选检查方法。没想到吧，世界上真的存在这种可以充当"透视眼"的射线。

　　X射线虽然具有十分神奇的特性，但它并不是近年来才出现的新事物。早在100多年前，就有一位科学家发现了X射线的存在，并对其进行了详细研究，他便是第一届诺贝尔物理学奖获得者——伦琴。这也是X射线在很多国家又被称为"伦琴射线"的原因。

　　1845年3月27日，伦琴出生在德国一个叫莱耐普的小镇，他的父亲是当地的一位纺织品制造商，母亲是荷兰人。由于战争的原因，他的大部分童年时光是在荷兰度过的。中学毕业以后，伦琴于1865年前往瑞士苏黎世联邦工程学院，学习机械工程专业。后来，在一位物理学家的影响下，他转而从事实验物理学的研究，并于1869年获得了博士学位。

　　为了找到一份理想的工作，伦琴曾辗转于各大高校，并在某些高校任职过一段时间。1888年，他接受德国维尔茨堡大学的聘请，成为该校物理研究所所长。伦琴为人正直，并且在学术研究方面造诣颇深，到了1894年，他就当上了维尔茨堡大学的校长，在就职的第二年便发现了X射线。

　　十九世纪末，欧洲很多科学家都曾研究过一个热门课题——阴极射线的科学实验，而伦琴也是其中的一员。1895年10月起，他在一个小实验室里摆好装置，开始研究阴极射线。不过，与其他科学家不同，伦琴在开展自己的新课题之前，往往会先重复一下前人的重要实验，从中获取灵感后再进行自己的研究。

　　1895年11月8日晚，伦琴像往常一样来到实验室，准备做一次放电实验。这种实验他先前已经做过好多次，即便没有助手的帮忙，他一个人也能轻松应对。

为了保证实验的精确性（实验过程必须在黑暗条件下进行），伦琴除了关闭门窗、拉上窗帘外，还事先用锡纸和黑色硬纸板把放电管相应的实验器材都包裹得严严实实。待一切准备妥当后，他便接通电源，准备开始实验。

这时，一个奇怪的现象出现了：在距离放电管约1米的纸屏（它本是用于另外一个实验的，上面涂有一层氰亚铂酸钡的晶体材料）上出现了一道微弱但肉眼可见的绿色荧光。

伦琴见状赶紧切断了电源，那道绿色荧光也随即消失不见。经过反复尝试后，他发现绿色荧光确实是放电管通电后引起的。不过，这却让伦琴疑惑起来，因为纸屏上虽然涂有荧光材料，但如果不受到光照或其他射线影响，荧光材料本身是不会发出绿色荧光的。放电管通电后产生的阴极射线，理论上会使纸屏出现绿色荧光，可它在空气中的穿透能力只有短短的几厘米，况且此次实验中的放电管还是封闭的。

伦琴沉思了一会儿后，做出了一个推断，即放电管通电后除了产生阴极射线外，还发出了一种未知的射线，该射线穿透力很强，以至于可以让远处的纸屏显现出绿色的荧光。

为了证实自己的推断，伦琴将纸屏移远了一些，结果上面还是有绿色荧光出现。紧接着，他又尝试着在放电管和纸屏之间放置一些不同的东西，最后发现这种未知的射线在穿透力方面远比自己想象得更加强大，它可以轻松穿透2厘米左右的木板、上千页厚的书籍以及不太厚的金属薄板。

　　真没想到世界上还存在着可以穿透固体物质的射线！伦琴抑制不住内心的激动，接下来的几个星期，他几乎都把自己关在实验室里，废寝忘食地工作。

　　伦琴的妻子知道自己的丈夫热爱工作，但也从没有见他像现在这样狂热。为此，她还曾询问丈夫到底在研究些什么。伦琴简单地作了回答，但妻子对于他发现的神秘射线既好奇又不太相信。这年12月22日晚，伦琴突然问妻子："你愿意作为我的实验对象吗？"妻子见丈夫一本正经的样子，勉强同意了。于是，伦琴把妻子带到实验室，先让她把手放在装有照相底片的暗盒

86

上，然后用放电管对着妻子的手照了一会儿。

当伦琴把底片冲洗出来，拿给妻子看时，毫无心理准备的她立即被底片上的影像吓得大叫一声。妻子无论如何也不敢相信，自己丰润的手在神秘射线的照射下，竟然变成了一只可怕的骷髅手。站在一旁的伦琴看到妻子惊恐的表情，情不自禁地哈哈大笑起来。

几天后，伦琴便将自己的发现整理成一份简洁而周密的报告——《论一种新的射线》，并将其递交给了维尔茨堡物理学医学学会。当时，伦琴虽然对这种新射线作了一番研究，但对其性质了解得还不够，所以他便以数学中常指代未知数的符号X来命名这种新射线，即X射线。

1896年，新年伊始，伦琴便被邀请参加了柏林物理学会议。在会上，伦琴不仅介绍了自己是如何发现X射线的，还向公众展示了很多X射线的照片。当然，其中也包括那张令他妻子大惊失色的手骨照片。同一天，维也纳《新闻报》报道了伦琴发现X射线的消息。

X射线的发现，可谓十九世纪末科学界最伟大的发现之一。它在当时引起的轰动可以说是空前的，伦琴的论文在3个月之内就印刷了5次，并被译成英、法、意、俄等文字广泛传播。一时间，学术界掀起了研究X射线的热潮。据统计，仅在1896年一年，世界各国发表的相关论文就有1000多篇。

由于X射线能穿透人体皮肤、肌肉等软组织，进而在照相底片上形成只见骨头不见肉的骷髅影像，所以当时很多追求时尚的贵族绅士都把它当作一种娱乐工具。例如，有的贵族人士会穿上名贵的礼服，借X射线来展示自己的骨骼系统。柏林的王公贵族们还曾专门邀请伦琴，让他到皇宫中进行X射线实验演示。不过，当时的人们根本不知道X射线是一种波长很短的电磁辐射，频繁照射会对身体健康造成影响，X射线的本质和对人类的影响直到1912年才被人类揭晓。

X射线的发现让伦琴获得了1901年首届诺贝尔物理学奖。当时,诺贝尔奖刚刚设立,他的获奖在一定程度上也提升了这一新奖项的声誉。

有趣的是,当获奖消息传来时,伦琴正在慕尼黑大学任教。如果要跑到遥远的瑞典去领奖,还得请假才行。伦琴觉得太麻烦,于是就给诺贝尔奖评委会写信,说自己抽不出时间去领奖,能不能把奖牌邮寄过来。结果,评委会回复说奖牌不能邮寄,必须亲自领取,而且领奖后还会有一大笔丰厚的奖金。

无奈之下,伦琴只得请假前往瑞典领奖。不过,他却没有发表诺贝尔奖章程中要求的获奖感言,因为这位著名的科学家不太爱在公众场合抛头露面。

很多人认为伦琴是为了奖金才去瑞典领奖的,这种说法不无道理,但他领奖并不是为了自己,因为伦琴是一位对荣誉和金钱极为淡漠的人。据说,拿到那笔相当于伦琴20年薪水的奖金后,他二话没说就将其全部捐献给了维尔茨堡大学作为科研经费,自己依旧过着朴实的生活。

伦琴在世时,许多商人出高价要购买X射线的专利权以牟取暴利,甚至一些王公贵族也想用贵族爵位来笼络他,但伦琴全部拒绝了。他认为X射线应该为全人类服务,而不是充当个别人谋取私利的工具，于是他最后选择将X射线的专利无偿地公布于众。

伦琴一生著作等身，成就斐然。为了纪念这位大科学家，人们除了把X射线称为"伦琴射线"外，还专门把第111号化学元素（Rg）命名为"轮"。在伦琴的祖国德国，有许多以伦琴名字命名的学校、街道和广场。由于伦琴在物理学方面的杰出成就，在德国的吉森市、柏林市和伦琴的出生地莱耐普都建有伦琴纪念碑。

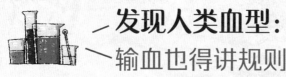

发现人类血型：
输血也得讲规则

　　血液跟自然界中的很多事物一样，有属于自己的类别，那就是血型。血型是根据红细胞表面的抗原特异性确定的，我们每个人都有一张特殊的血液身份证。不过，我们的血型与现实生活中的身份证不一样，它不是自创的，而是遗传于父母。血型有很多种分类，目前世界上最流行的血型系统是ABO血型系统，即A型、B型、AB型和O型。

　　大家都知道，当一个人失血过多时，往往需要外来血液的补充，即输血。可不同血型的血液混合在一起时，往往会发生严重的凝血反应，进而威胁到病人的生命。因此，只有同种血型的血液才能相互输血已经成为现代医学的常识。但是，你知道吗? 在二十世纪之前, 人们根本不知道血型这回事。实际上, 血型的发现史就是一部血迹斑斑的流血史。

自从十七世纪上半叶, 英国生理学家威廉·哈维发现血液循环, 并奠定输血理论后, 人类就从未停止过输血的尝试。例如, 1665年, 英国牛津大学的生理学家诺维就曾成功进行了狗与狗之间输血的研究。到了1667年, 一位法国医生甚至将一只小羊羔的血(当时西方人普遍认为羊血最为纯洁)输送给一个急需输血的少年。据说, 当时使用羊血给人输血的案例不在少数。

然而, 由于不知道血型的存在, 病人输血存在很大的随意性, 因输血而导致死亡的事件频频发生, 以至于法国、英国等国家不得不下令禁止输血或在人体进行输血实验, 人类对输血的研究也因此一度陷入停滞状态。

后来, 英国生理学家、妇产科医生詹姆斯·布伦达尔通过艰苦的研究和临床实践, 发明了专业的采血、输血工具, 还向人们阐述了许多科学结论, 比如"异种输血往往会出现致命的结果""只有人血才能输给人"等, 才让输血真正步入有一定科学基础的理性时代。

1818年, 布伦达尔还完成了世界上首例有完整记载的人与人之间的输血案例。那位接受输血的病人虽然没有存活几天，但这个案例给人类社会带来的影响是巨大的。自此以后，医学界又掀起了输血医疗热。

当然，由于那时候血型尚未被人类发现，所以在输血医疗热潮中，有的病人恢复了，有的病人则命丧黄泉，因输血而被救活的人只占很少的比例。

为什么会出现这种情况？血液之中到底隐藏着什么样的秘密？随着科技不断进步，很多科学家对血液展开了更为细致的研究，而发现人类血型这一历史机遇最终落在了奥地利病理学家卡尔·兰德施泰纳身上。

兰德施泰纳出生于奥地利的维也纳。他从小就聪明伶俐，学习成绩一直名列前茅，17岁时进入维也纳大学攻读医学专业。1891年，年仅23岁的兰德施泰纳顺利获得医学博士学位。后来，他又前往德国和瑞士研究化学，并将化学研究方法引入到血清学的研究中。

1900年，时任维也纳大学病理研究院研究员的兰德施泰纳在工作时，发现了一个奇怪的现象：当他把来自同一人体的红细胞和血清（红细胞和血清皆为血液的重要成分）混合在一个试管后，它们之间不会发生任何反应；而从不同个体采集来的红细胞和血清在试管中混合后，有的会凝结成团，有的则不会。

为了搞清楚这种现象背后的原因，兰德施泰纳又进行了深入的研究，最后他发现健康人的血清对不同人类个体的红细胞有凝聚作用。凝聚作用会让血液凝结成团，而这发生在人体内就会阻塞毛细血管，进而置人于死地。这也解释了以往输血经常失败的原因。换句话说，要想输血成功，就得保证所输的血液不会与患者体内的血液发生凝聚现象。也正是根据这一原理，兰德施泰纳发现了ABO血型系统。

看到这里，大家可能会觉得奇怪，按照英文字母的排列顺序，A后边是B，B后边应该是C，为什么血型的排列偏偏不按常理出牌，非要在B后面安排一个O呢？据说，兰德施泰纳当时没有发现AB型的存在。那时，他所阐述的O型并不是英文字母O，而是阿拉伯数字0，意思是，这种血型与其他血型之间没有任何反应（反应为0）。

然而，就在兰德施泰纳发现ABO血型系统的第二年，维也纳大学的德卡托罗和史托力尔又发现了另一种血型——AB型，这样便有了四种血型。

到了1907年，捷克医生扬斯基把血型统一划分为A型、B型、O型和AB型。这种分类方法得到了医学界的普遍认同，并开始向全世界传播。

不过，即便如此，临床输血时还是出现了大量的死亡病例。原来，ABO血型系统出现后，人类并没有立即弄清楚各血型之间的输血关系。

直到发现ABO血型系统近10年后，人们才逐渐明白A型血的人不能输B型血，B型血的人也不能输A型血，而AB型血的人可以接受任何一种类型的血。至于O型血，则可以输给任何人，因此O型血的人常被视为博爱的"万能输血者"。另外，人们也开始了解到不同血型之间也能输送，但只能少量输送，只有相同血

型之间才能大量输血。

ABO血型系统的发现虽然为输血指明了一条安全通道，但由于历史上输血失败的案例太多，所以在它诞生后很长一段时间里，医学家们仍然把输血视为一种极具风险的事情。

直到第一次世界大战爆发，输血才迎来真正的发展高潮。究其原因，主要还是输血在战争中往往是保障伤员性命的唯一手段。战争期间，德国医学家率先将兰德施泰纳发现的血液凝聚作用应用于输血前的配血试验。他们规定只有红细胞和血清混合后不出现凝聚反应的人之间才能进行输血，这种规定避免了大量的伤亡。随着输血实践的积累，到二十世纪二十年代末，欧洲以及北美的许多大城市都已经普及了输血这一医疗措施。

兰德施泰纳发现的ABO血型系统对输血的安全性和外科手术的成功产生了巨大影响，可以说是一个具有划时代意义的伟大发现。因此，他在1930年获得了诺贝尔生理学或医学

奖，并赢得"血型之父"的美称。

2001年，在南非约翰内斯堡举办的第八届自愿无偿献血者招募国际大会上，世界卫生组织、红十字会与红新月会国际联合会、国际献血组织联合会、国际输血协会共同倡导，将ABO血型系统的发现者——卡尔·兰德施泰纳的生日，即每年的6月14日定为"世界献血者日"，从2004年起正式推行。

ABO血型系统作为人类最早认识的血型系统，至今已被使用了100多年。其间，科学家们也陆陆续续发现了一些全新的血型，据统计，目前被发现并被国际输血协会承认的血型系统有30多种。

其中，最新的两种血型发现于2012年。据说，发现这两种全新血型的是以美国佛蒙特大学生物学家布莱恩·巴利夫为核心的研究团队。巴利夫和同事在实验中发现了两种名为ABCB6和ABCG2的特殊转运蛋白，后经法国国家输血研究所确认，这确实是此前未被识别的转运蛋白，含有这两种蛋白的新血型则分别被命名为"朗格雷"和"尤尼奥尔"。

30多种血型系统听起来好像很多，但这个数字还是被严重地人为"压缩"了。因为人体血液中的血小板、血清蛋白等成分也有属于自己的血型系统，加起来超过600种。如果再将它们随机组合，人类的血型大概有数十亿种。所以，严格来说除了同卵双生子以外，几乎不可能找到血型完全相同的人。

另外，过去人们认为只有人类才有血型，实际上这种观点非常片面。现在的科学家发现，狗、鸡等许多动物也有血型系统。例如，生长在美国缅因海湾的角鲨有四种血型；大麻哈鱼至少有8种抗原类型的组合，并常随不同地区的种群而异；常见家畜中的马、猪有4种血型，而牛有3种血型。在众多灵长类中，黑猩猩的血型全部属于O型或A型，猩猩属于B型，大猩猩既有B型也有A型，长臂猿的血型有A型、B型及AB型。

血型具有遗传性，一个人出生后，如无意外的话，血型一般是终生不变的。不过，科学技术的进步给人类带来了越来越多的可能。最近，丹麦科学家就发明了一种可改变人类血型的技术。他们从真菌中提取出一种酶，然后以其作为小剪刀把A型、B型和AB型血液中的抗原剪掉，从而使它们转变为O型血。这种方法不仅可以保证血液的拥有量，还可以提高人们输血的安全性。

灭绝天花：
一次伟大的胜利

说起天花，估计现在的孩子都不知道它是什么东西，甚至许多孩子的爸爸妈妈对它也没有太大的印象。然而，就是这样一个不为现代人所熟知的事物，曾酿成过"人类史上最大的种族屠杀"事件。

这里所说的天花并不是什么植物学上的花卉，而是一种由天花病毒引起的烈性传染病。这种病多发生在冬春季节，被感染的人一般会发烧，浑身长脓疱，病情严重的会很快死去。

据以往资料显示，天花病的死亡率曾高达20%~30%。这个数字是全球新冠肺炎平均死亡率的数倍。另外，感染天花的患者即使侥幸保住了性命，也会在皮肤上留下一个个小疤痕，那些留在面部的"麻子"，严重影响人的形象。

　　人类虽然与天花斗争过数千年，但对于这种疾病的具体起源时间一直没能断定。目前，人们只知道天花是一种很古老的传染病，考古人员甚至在3000多年前的埃及木乃伊上也见到过天花留下的疤痕。

　　至于它何时传入中国，史学界也没有找到明确的答案。不过，早在中国东晋时期，医学家葛洪就曾在医学典籍《肘后备急方》中，第一次描写了天花患者的症状以及天花在当时的流行情况。由此可知，中国天花疾病的出现时间应该远在这之前。

　　如果你简单查阅一下历史资料，就会发现天花曾时不时地"现身人间"，并给人类带来巨大灾难。例如，公元570年，埃塞俄比亚组建的大军在攻打阿拉伯圣地麦加期间，因军中天花流行而全军覆没；十五世纪至十六世纪，欧洲人在踏上美洲大陆展开殖民统治时，也将天花病毒携带了过去，结果数百万美洲印第安人因感染天花而丧生；到了十七世纪，天花还曾在全世界掀起了大波澜。那时，仅仅在欧洲，每年就有约40万人死于天花。

　　与很多疾病一样，天花对所有人"一视同仁"。不管对方是身份低贱的贩夫走卒，还是地位显赫的王公大臣，只要感染了天花，就必须在死亡的边缘走一遭才行。幸运的话会留条小命，运气不好的话，便只能告别人世了。

据记载，十七世纪至十八世纪，许多国家的重要人物都死于天花，比如英国女王玛丽二世、法国国王约瑟夫一世和路易十五、俄国沙皇彼得二世等。总之，在过去很长一段时间里，天花就像人类如影随形的梦魇，始终无法彻底摆脱。

既然天花那么可怕，人类为什么不想办法预防这种疾病呢？实际上，古人一直都在尝试预防天花，并很快发现了一条重要规律，即曾经患过天花而大难不死的人以后几乎不会再次感染天花。

到了明朝时期，中医已开始广泛应用"人痘"接种预防天花。简单来说，就是将痊愈后的天花患者身上的痂皮碾成粉末，吹进健康儿童的鼻子里，用来预防天花。

不过，"人痘"接种法毕竟预防效果有限，并且操作起来还有一定的感染风险。所以，这种预防天花的方法并没有大范围传播开来，真正易于操作能让人类不再惧怕天花的应对之法直到十八世纪末才出现。它便是英国乡村医生爱德华·琴纳发明的"牛痘"接种法。

1749年，琴纳出生在英格兰的一个普通家庭。由于父亲过早离世，他是由哥哥姐姐们抚养长大的。13岁时，为了补贴家用，他在一家私人诊所里当学徒，一干就是好几年。1770年，年仅21岁的琴纳离开家乡，远赴伦敦求学，并幸运地拜在当时知名外科医生约翰·亨特的门下，学习医学理论。在伦敦完成学业后，琴纳于1775年返回家乡，成了一名乡村医生。

当时，琴纳的工作内容除了常规的救死扶伤外，还给当地的百姓接种"人痘"（即由中国传入的"人痘"接种法），预防天花。不过，琴纳很快就发现"人痘"接种法存在着很多弊端，稍有不慎还会导致接种的人出现性命之忧，所以自那时起他便一心寻找一种更好的预防天花的方法。

通过长时间的留心观察，琴纳发现英国乡村一些挤奶工的手上常常有牛痘（一种由牛痘病毒引发的传染病，对人体危害

有限），而有牛痘者全都没有患上天花。

为什么感染过牛痘的人就不会患上天花呢？琴纳在好奇心的驱使下开始仔细研究起来。后来，他得出了一个大胆的推论：人在感染牛痘后，虽然会感到轻微的不适，但病愈后其体内就会产生一种能抵抗天花病毒的防护力量。换句话说，如果故意给一个人接种牛痘，那么痊愈后他便不会再感染天花。

不过，这仅仅是理论推断，是否正确还需要进行实验来验证。于是，1796年，琴纳进行了世界上首例人体牛痘接种试验：他先为一名8岁男孩接种了牛痘，然后过段时间又冒险给小男孩种了天花，结果男孩安然无恙，并没有生命危险。琴纳的"牛痘法"取得了成功，它表明人类通过接种牛痘可以获得抵抗天花的能力。

为了谨慎起见，琴纳又继续改进接种材料来源，做了许多相关实验，最后结果都表明：接种牛痘可以有效地预防天花。几年后，琴纳根据自己的发现与研究发表了一篇名为《接种牛痘的理由和效果问题探讨》的论文，并率先提出牛痘预防天花病的可行性方案。

起初，包括学术界在内的人都不太相信琴纳的言论，甚至有的学者认为那只不过是一个乡村医生的无稽之谈。然而，事实胜于雄辩，随着越来越多的人通过接种牛痘免遭天花感染，琴纳的"牛痘"接种法迅速传播开来。

到了十九世纪初期，接种牛痘的方法已经在欧洲许多国家推广应用，成功降低了天花的发病率。1840年，天花疫情再度袭击英国，为了遏制疫情，英国政府通过了《1840年接种推广法案》，开始进一步推广牛痘接种。在英国的影响下，牛痘接种法逐渐推广至全世界，而种痘这一先由中国传出、后经改良为牛痘的接种方法，在世界上兜转一圈后又传回了它的故乡——中国。

后来，随着免疫学的发展，人们终于弄明白了接种牛痘可以预防天花的原因。原来，牛痘病毒是天花病毒的"猪队友"，它们俩的抗原绝大部分相同。这就使得一个人在感染牛痘后，会获得一种既能免疫牛痘又可免疫天花的特殊免疫力。因此，在牛痘这位"猪队友"的帮助下，天花的弱点被人类抓了个正着。后来，经过一代代人的努力，得天花的病人越来越少。

由于人类已经掌握了天花病毒的弱点，并且手中还握有相应的"武器"，因此从二十世纪五十年代起，各国便在世界卫生组织（WHO）的倡议下，对天花这种疾病正式宣战，并展开全球范围内的围追堵截。其间，人类虽然花费了大量的人力物力，但取得的成果十分显著。到了二十世纪六十年代，天花已经在很多国家绝迹，而中国境内自1961年后也再未有人得过天花。

　　慢慢地，全世界范围内几乎都找不到这种病例了。世界卫生组织因此宣布，如果连续两年内全世界都没有发现天花病人，就可以宣布天花绝迹了。但是在1977年10月25日，非洲的索马里又发现了一个天花病人。不过自那以后，一直到1979年10月25日，整整两年，全世界再没有发现一个新的天花病人。

　　世界卫生组织的检查人员在对最后一批尚未宣布消灭天花病的东非国家——肯尼亚、埃塞俄比亚、索马里和吉布提进行了调查并确定这四个国家已经消灭了这种疾病后，才郑重地发布了这个具有历史意义的消息。

　　1979年10月26日，联合国世界卫生组织在内罗毕正式宣布，全世界已经消灭了天花疾病，并将每年的10月25日定为"天花绝迹日"。

　　不过，天花这种疾病的灭绝，并不代表着天花病毒已经不存在了。实际上，自1967年开始进行最后一次大规模消灭天花的活动以来，天花病的病毒并没有绝迹。目前，还有少量的天花病毒毒株被严密保存于美国亚特兰大的疾病控制与预防中心以及俄罗斯的国家病毒与生物技术中心，以供研究之用。

看到这里，有些人会觉得既然已经将天花病毒"囚禁"起来了，那是不是意味着人类从此以后就可以高枕无忧了。这种想法虽然很美好，但很难实现。

在人类社会中有时还会出现犯人越狱的情况，那么天花病毒这个特殊的"犯人"更是得严加看管才行。进入二十一世纪后，世界上已经出现过好几例与天花病毒泄露有关的险情。

例如，2014年7月，一位美国科学家在清理某研究中心（不是亚特兰大的疾病控制与预防中心）的旧储物室时，竟找到了

几十年前被遗忘在一个纸皮箱内的数瓶天花病毒。当时，这一事件令很多人深感不安，毕竟按照国际协定，世界上剩余的天花病毒只能保存在美国和俄罗斯的特定实验室里，并由世界卫生组织监督。到了2019年9月，俄罗斯唯一一家存有天花病毒的实验室也发生了意外险情。当时，一场天然气爆炸导致实验室着火，幸运的是最后没有危险物泄漏。

　　时至今日，天花是唯一被人类消灭的传染病。从某种程度上来说，彻底消灭天花，是人类在征服自然的斗争中取得的一个伟大胜利，但这一胜利是来之不易的，是千百年来无数人共同努力的结果。

克隆技术:
新时代的"孙悟空"

在神话小说《西游记》中,神通广大的孙悟空有一项特殊的本领——"拔毛变猴"。他只需从身上拔下一些毫毛,然后用嘴轻轻一吹,毫毛就能变成许多个一模一样的"孙悟空"。很多人认为,这种场景太梦幻,只能出现在神话传说中。其实,随着克隆技术的诞生和发展,"拔毛变猴"的情形还真有可能在某一天变成现实。

"克隆"这个汉语词汇是英文"clone"或"cloning"

的译音，指的是生物体通过体细胞进行的无性繁殖，然后产生基因型完全相同的后代的过程，无性繁殖也可以简单地理解为复制、拷贝。

在自然界中，克隆现象并不罕见，很多植物天生就有克隆本领。例如，从一棵柳树上折下几根嫩柳条插进土里，顺利的话，这些柳条过不了几年便会长成一棵棵小柳树。

不过，直到二十世纪末，克隆技术才真正走进人类视野并被大众所关注，这一切还要从一只克隆羊说起。1996年7月5日，英国科学家伊恩·维尔穆特博士用一只成年羊的体细胞（正常情况下，其遗传信息不会像生殖细胞那样遗传给下一代）成功克隆出了一只小羊，取名"多莉"。

1997年2月27日，英国《自然》杂志报道了这一震惊世界的科研成果。克隆技术也因此被美国《科学》杂志评为1997年世界十大科技突破的第一项，成为当年最引人注目的国际新闻之一。

　　"多莉"出现后，世界各国纷纷掀起了克隆热潮。没多久，克隆猪、克隆牛、克隆兔等纷纷问世。当然，"多莉"作为世界上第一个由体细胞克隆而诞生的哺乳动物，其后续状况也备受关注。1998年4月，多莉顺利生下一只小羊，这意味着克隆动物也可以繁衍后代。

　　然而，多莉活到6岁时，一件意想不到的事情发生了。2003年，当兽医对多莉进行身体检查时，发现它患有严重的进行性肺病（一种不治之症），无奈之下人们只能对其实施"安乐死"。

　　通常，一只普通的绵羊可以轻松活11~12年，多莉却只活了短短6年，并且还患上了只有老年绵羊才容易得的肺病。这让人对多莉早夭的原因产生了联想，进而在生物学界引发了一个著名的难题，即多莉死亡时其年龄真的是6岁吗？

　　很多人会觉得奇怪，年龄有什么难计算的，活一年不就是算一岁吗？其实，这是因为科学家还没有找到确切的方法来测算克隆动物的年龄起点：是应该从它诞生那一天算起，还是从提取基因的母体的年龄算起，或者是只截取母体年龄的一部分呢？这就是著名的"多莉羊难题"。

"多莉羊难题"虽然还没有定论，但它并不妨碍人们对克隆技术的继续研究。毕竟克隆技术有着类似"一变二、二变四"的神奇魔力，这使它有着非常广阔的应用前景，比如复制濒危动物物种，保护和传播动物物种资源。

也许有人会问，是不是只要外界条件允许，人们就可以无休止地克隆某个动物？很遗憾，当前世界上还没有哪一个动物可以被无休止地克隆，因为没有一个正常细胞可以长生不老。通常情况下，新一代克隆体的寿命都会比上一代短一些，数代之后便再也无法继续克隆了。

克隆虽然不能无极限地继续下去，但随着技术的进步，可克隆的次数仍在不断增加。例如，2013年，日本理化研究所的科学家借助用克隆动物培育克隆动物的"再克隆"技术，成功

地用一只实验鼠培育出了26代共598只实验鼠。

在科幻小说或者影视剧中，大家经常会看到这样的场景：一位能力非凡的科学家阴差阳错地得到了某个史前巨兽（比如恐龙）的部分遗传物质，然后通过克隆技术让它们重现人间，并由此开始一系列的冒险。

其实，单从理论上讲，人类身体上的任何正常细胞都可以被用来克隆。那么，这是不是意味着只要科学家们拥有过去某些英雄或伟人的部分细胞，就可以通过克隆技术让他们起死回生，再次展现他们的才能？

遗憾的是，克隆技术虽然可以保证克隆人与细胞提供者拥有几乎一样的遗传信息，但性格、智力和记忆等是无法简单复制的，因为这些东西与一个人的经历息息相关。也就是说，人们只能通过克隆技术创造出与英雄、伟人模样相同的人，至于其内在品质则无法保证。

并且，克隆人还会牵涉到一系列的伦理问题，比如克隆人的身份认定以及他与被克隆的人的关系等。总之，克隆人的出现一定会对当今的社会秩序造成极大的冲击，说不定还会弄得天下大乱。

所以，克隆技术诞生后没多久，很多国家就严令禁止克隆人。中国也是坚决反对克隆人，不赞成、不支持、不允许，也不接受任何克隆人实验。为了防止克隆人诞生，中国还积极支持联合国尽早制定《禁止生殖性克隆人国际公约》。

克隆人虽然被禁止，但被称为"治疗性克隆"的"人体器官克隆"一直被医学界视为一条新的研究路径。人体的各个器官常被比喻为汽车上必不可少的零件，汽车零件报废时，可以选择到维修厂换个新的，那么人体器官报废时，有没有可供替换的人体配件工厂呢？这种想法在以前可能会被认为痴人说梦，但现在不同了，因为人们已经逐步学会了克隆单个器官。

早在1992年，中国科研人员就利用克隆技术率先让小老鼠身上成功长出了"人耳"（主要是形态上，不包括功能）。至于体外培植皮肤，更是不在话下。有的科学家还预言，在不久的将来人们可以借助克隆技术"制造"出乳房、软骨、肝脏，甚至心脏、肾脏等组织和器官，供病人更换。

如果真到了那一天，需要器官移植的病人可以使用克隆器官，且不会出现免疫排斥反应，再也不会有苦苦支撑、希望渺茫地等待着合适供体出现的场景了。但这类克隆技术的研究和应用也必须遵循国际上公认的生命伦理原则，并使其在严格审查和有效监控的条件下有序发展。

进入二十一世纪后，克隆技术的发展步入了快车道，克隆对象也变得多种多样。2017年年底，全球首对体细胞克隆猴"中中"和"华华"在中国成功诞生，这对克隆猴一出现便轰动一时，因为猴子作为灵长类动物，其克隆难度要比其他哺乳类动物大得多。

此前，匹兹堡大学的科学家曾在《科学》杂志上声称，利用体细胞核移植技术来克隆灵长类动物是不可能实现的。"中中"和"华华"的出现不仅打破了上述的断言，而且也标志着中国已经掌握了与人类相近的灵长类动物的体细胞克隆技术，率先开启了以体细胞克隆猴作为实验动物模型的新时代。

就像任何事物都具有两面性一样，克隆技术在给人类带来福音的同时，也带来了隐患。我们都知道，世界之所以丰富多彩，主要是因为生物多样性（也可以说基因的多样性），而克隆技术的大范围使用，势必会影响基因多样性的保持。从文化层面来讲，克隆技术打破了生物演化的自然规律，这种反自然性质的技术与目前回归自然的基本文化理念多少有些相悖。

另外，克隆技术自身也存在着很多问题。从以往的动物克隆实验来看，克隆物种的成活率依然偏低。很多克隆动物，刚出生就死于心脏异常、尿毒症或呼吸困难。出生后的克隆动物，有的个体还表现出生理或免疫缺陷，比如血液的含氧量和生长因子的浓度低于正常水平，胸腺、脾、淋巴结发育不正常等。由此看来，克隆技术的发展还长路漫漫，有待科学家继续努力。

不过，退一万步讲，即便克隆技术非常成熟，人类也必须小心这种技术的滥用，毕竟其威力实在是太大了。倘若别有用心的人掌控了这种技术，那无异于打开了"潘多拉魔盒"，整个世界甚至会演变成《异形》或者《生化危机》中的场景。总之，克隆技术是一把双刃剑，我们在努力锻造这把宝剑的同时，也不要忘记怎样使用它才能更好地服务于人类社会。

中国月球车：
奔向月球的玉兔

　　当我们看到夜空中的月亮时，会不由自主地想：月亮上真的有美丽的嫦娥和可爱的玉兔吗？神秘的月亮上有什么有趣的东西呢？

　　2013年12月2日，这个美丽的中国传说变成了现实！从西昌卫星发射中心出发，"嫦娥三号"运载火箭把完全由中国设计制造的"玉兔号"月球车安全送上了月球，实现了中国人与月球的零距离接触。

　　月球车，学名"月面巡视探测器"，是一种能够在月球表面行驶并完成月球探测、考察、收集和分析样品等复杂任务的专用车辆。

不过"玉兔号"的登陆并非一帆风顺。因为月球表面没有空气，所以"玉兔号"从"嫦娥三号"运载火箭弹出的时候，降落伞并不能发挥作用。幸亏"玉兔号"的底部有几个推进器，在被弹出后，类似火箭的推进器会立刻自动开启，以保证"玉兔号"平稳降落。与此同时，"玉兔号"的全景相机也开始发挥作用，它不停地拍照，并凭借照片信号判断陆地是否平坦，再利用推进器不停地调整方向，最后终于安全着陆月球。

　　月球表面的环境与地球表面的自然环境大不相同。月球上没有空气，处于真空状态，连声音都无法传播。月球上没有水，那里满目荒凉，毫无生气，是一个没有生命存在的世界。月球表面的温度变化也非常剧烈，白天最热时，月表温度可达127℃；夜间最冷时，温度则可降到零下183℃。

　　就是在这种恶劣的环境下，"玉兔号"忍受着强烈的温差，待在没有水、没有声音、没有空气的月球上，开始了艰苦卓绝的工作。

　　"玉兔号"的外表就像个长方形的盒子,长1.5米、宽1米、高1.1米,它的脚是几个可以独立转动的轮子,眼睛是四架全景相机和导航相机,负责观察周围环境并把有价值的场景记录下来。"玉兔号"周身金光闪闪,耀眼夺目。"黄金甲"是为了反射月球白昼的强光,降低昼夜温差,同时能阻挡宇宙中各种高能粒子的辐射。

　　它就像我们人类派上月球的一个小小科学家。不过与人类科学家不同的是,它的智慧不在脑袋里,而是在肚子里——几乎所有的月球勘测装置都安装在"玉兔"的腹部,有红外成像光谱仪、激光点阵器等10多套科学探测仪器。其中的"测月雷达"装置,可发射雷达波探测二三十米厚的月球土壤结构,还可以对月球地表以下100米深的地方进行探测。

　　更加聪明的是,"玉兔号"月球车能够自动长时间休眠。月球上的一天大约相当于地球上的27天,而月球上的昼夜间隔时间大约相当于地球上的14天。由于晚上无法靠太阳能发电,"玉兔号"便会进入休眠模式。等到月球上能够接受太阳光的时候,"玉兔号"的太阳能帆板就会开始工作,为"玉兔号"提供电能。这种"日出而作,日落而息"的规律作息,极大地增强了

"玉兔号"适应月表恶劣环境的生存能力。

"玉兔号"月球车设计寿命仅为3个月，但它非常坚强，直至2016年7月31日，月球车才停止工作，而此时它已经在月球上生存工作了972天，超额完成了任务，为我们传回了大量有关月球的信息，为中国探索月球的秘密贡献了自己全部的精力。

"玉兔号"虽然停止了工作，但中国人探索月球的脚步却没有停止。2019年1月3日10时26分，"嫦娥四号"探测器经过26天约40万千米的飞行之后，终于成功着陆在月球背面。

在此之前，人类在60多年来的月球探测历程中，虽成功实施了20次月面软着陆，但全部位于朝向地球的月球正面，没有一个国家的航天器能降落在月球背面。因为那是永远不会面对地球的一面，在这个位置着陆意味着无法进行直接的无线电通信。而中国研究人员成功克服了这一挑战，实现了人类首次在月球背面的软着陆。

至于为什么要坚持着陆月球背面，那是因为对月球正面的

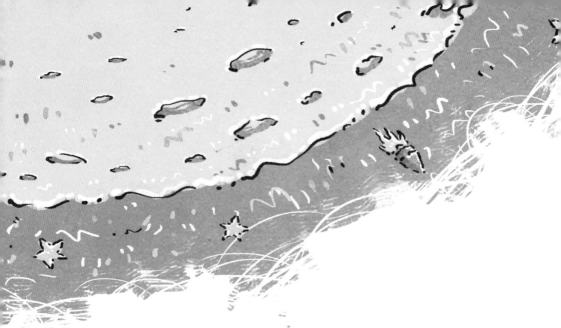

研究信息告诉我们，月球正面的岩石记录了月球从距今41亿年到30亿年的月球内力作用的演化历史。就像人类考古一样，通过研究墓葬中的随葬品、解读古时的文字记录和收集古老的信息，去窥探远古隐藏的秘密。

但是早于40亿年前，也就是自45亿年前月球形成后到41亿年的最古老的内力作用演化历史，在月球正面难以观测得到。因为大约在40亿年以前，月球背面遭受到一个巨大的小天体撞击，砸出了一个直径约为2480千米，深度达12.8千米的坑（艾肯盆地）。在撞击盆地里，裸露出月球最古老的岩石。只有到月球背面去，才能找到最古老的岩石。

而"嫦娥四号"的着陆地正是在艾肯盆地里。通过对艾肯盆地的探测，我们就可以获得月球自45亿年前形成到距今41亿年以来演化历史的科学证据，将月球正面和月球背面的演化历史联系起来，让我们更好地认识、研究月球。

"嫦娥四号"的成功，将我国航天器制导、导航与控制技术提升到了新的高度，也为我们更好地了解月球的前世今生打下了坚实的基础。

从月球正面到背面，从月球到火星，甚至到更遥远的外太空，中国正在一步步照亮那些未知的世界，飞向更广袤的太空！

人工合成胰岛素：
中国人的骄傲

　　说起胰岛素，估计很多人会一脸茫然地问道："什么是胰岛素？"通俗来讲，胰岛素是指由胰脏内的胰岛β细胞分泌的一种蛋白质激素，有调节糖代谢、脂肪代谢、蛋白质代谢等功能。听不太明白？没关系！你只需记住一点，胰岛素是人体内唯一能降低血糖的激素。如果一个人不能自行分泌胰岛素，那么他将会因血糖过高而患上糖尿病。

　　糖尿病在过去一直都被视为不治之症，直到胰岛素的发现，患者们才多了一份希望。不过由于时代所限，在很长的一段时间里，用于临床的胰岛素几乎都是从猪、牛胰脏中提取的，这样做不仅操作麻烦而且效果也不怎么好。

怎样才能快速而大量地获得胰岛素呢？答案当然是人工合成。但说起来轻巧做起来难。胰岛素虽然是相对分子量较小的蛋白质，但它毕竟属于生命活动不可或缺的活性物质，其复杂程度根本不是那些水、二氧化碳等无机物所能比拟的，因此很长一段时间里鲜有科学家尝试人工合成胰岛素。

幸运的是，一位英国科学家于1955年成功测定出了牛胰岛素的全部氨基酸（构成蛋白质的基本单位）序列，这一发现使得人工合成胰岛素成为可能。但鉴于提出科学理论与实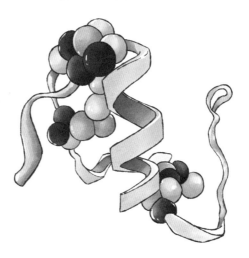际验证操作之间往往存在着很长的时间差，所以当时大部分人认为，人工合成胰岛素暂时只存在于理论之中，就连著名的科学杂志《自然》也预言："合成胰岛素是件十分遥远的事情。"

但中国科学家不这么想，三年后，他们就联合在一起，提出了"世界上第一次用人工方法合成的蛋白质在中华人民共和国实现"的宏伟目标，并于1959年正式启动了相关项目。

为什么非要挑胰岛素进行人工合成呢？因为它是当时唯一

已知结构的蛋白质。如果能成功合成，那不仅有助于人们弄清楚无机与有机、无生命与有生命的物质之间的关系，而且还能进一步揭示和证实关于生命、灵魂等许多重大问题。

众所周知，蛋白质是生命的物质基础，对于人类来说，它是组成人体一切细胞、组织的重要成分。那么，蛋白质又是由哪种基本物质组成的呢？答案是氨基酸。并且，氨基酸还可以通过化学反应连接起来生成一种名为肽的产物，其中含两个氨基酸的叫2肽，含三个氨基酸的叫3肽，含多个氨基酸的叫多肽。因此，蛋白质也可以说是由一条或多条肽链组成的生物大分子。

别看胰岛素号称是人体内较为简单的蛋白质，但也包含了51个氨基酸。这51个氨基酸共组成了两条肽链，分别被称为A链和B链，其中A链为21肽（即含21个氨基酸），B链为30肽（即含30个氨基酸）。

这个数目与其他大分子蛋白质相比，虽然属于小巫见大巫，但如果采用人工合成的话，其工作量也是大得惊人，再加上胰岛素合成涉及有机合成、化学与生物分析、生物活性等方面的知识，所以人工合成胰岛素的难度在当时堪称前所未有。

但既然下定决心要攻克这个堡垒，中国科学界就不再动摇。为此，中国的科研团队提出了数种方案，最后经过商讨研究，将整个人工胰岛素合成的步骤确定为：先分别人工合成A链和B链，然后把A链和B链组合到一起，最后得到全合成的结晶胰岛素。方案确定后，科研工作者们便开始了一次又一次艰苦而枯燥的实验。

二十世纪五六十年代的中国不仅在经济上处于困境，而且在很多技术上也没多少基础。但就是在如此艰难的科研环境下，中国科学家依然不分昼夜地向"人工合成胰岛素"这座科研高峰冲刺。

当时，仅仅实验所用去的化学溶剂都足以灌满一个标准的游泳池。除了苦和累之外，整个实验还伴随着很大的危险性，因为许多化学试剂都含有毒性，如果防护不当就有可能引发中毒。

常言道："众人拾柴火焰高。"在众多科学工作者的通力合作下，一系列的惊人成果开始展现在人们面前。例如，单是在

1959年，中国的科学家就解决了氨基酸的大量供应的问题，并实现了构成天然胰岛素的A、B两条肽链的拆分和重新组合的工作。这为全合成胰岛素奠定了坚实的基础，而正是在此基础上，后来的北京大学生物系在国内率先合成了具有生物活性的9肽激素——催产素。

当然，科学研究的道路不可能都是一帆风顺的，中国科研团队在人工合成胰岛素期间也走了不少弯路。例如，刚开始时为了拼命赶实验进度，很多科研小组搞"大兵团作战"，甚至一些连"氨基酸符号都不认识"的非专业人士也兴致勃勃地参与其中。

在这些人看来，多肽的合成非常简单：只需小心地把两段多肽混合在一起，它们就会自动合成一个新的多肽。至于期间是否发生了反应，具体产物又是什么，他们根本不关心。在这种风气下，试验进展速度确实很快，到了1960年便有人宣称人工合成了A链和B链。

但是，人工合成胰岛素毕竟属于基础科学研究，讲究的是稳扎稳打，不是简单地靠热情和人多就能成功的。果然，那些在"急躁冒进"中所产出的A链和B链虽然看起来不错，但经测定全无活力，根本不能用。

中国政府迅速做出调整，科研队伍也进行了一番精简，最终参与人员由几百人变成了几十人。之后，人工合成胰岛素的研究不再急功近利，各科研小组也恢复到了之前冷静而脚踏实地的状态。不过，脚踏实地并不代表着不需要争分夺秒，因为此时美国、德国等发达国家也在进行类似的研究，意欲争夺"世界首次人工合成胰岛素"这项桂冠。

值得称赞的是，1964年，中国的科研团队便成功实现了牛胰岛素的半合成。1965年9月初，科研人员们再次做了人工A链与人工B链的全合成实验，并把产物放在冰箱里冷藏了两周。9月17日早上，三家主要科研单位的人员齐聚一堂查看合成结果。当一名科研人员手举滴管，从放有冰箱的那个小实验室走出来时，众人终于看到了自己梦寐以求的东西——全合成牛胰岛素结晶。

人工合成胰岛素算是制备了出来，但真的具有活性吗？接下来，便是整个研究最为关键的一步，即人工合成胰岛素的活性检验。

科研人员们将样本结晶配成适合的剂量在小白鼠身上做起了实验。随着时间一分一秒地过去，原本处于假死状态的小白鼠开始抽筋乱跳，逐渐恢复活力，整个实验室沸腾了起来，每一个在场的人的脸上都洋溢着成功的笑容。

1965年9月17日，中国科研工作者历经六年零九个月的艰苦工作，终于在世界上首次用人工方法合成了具有生命活力的胰岛素，并制成结晶。

这一科技成果虽然因参与人员较多而与诺贝尔奖擦肩而过（诺贝尔奖对提名人数有限制），但它所带来的影响依然令世界瞩目。在中国发表相关论文后没多久，便有上百名国内外著名科学家来信祝贺。当时，英国电视台还在黄金时段播报了这一激动人心的消息，美国的《纽约时报》，也用大量的篇幅进行了相关报道。

人工合成胰岛素的成功，标志着中国走在了实验制造生命物质的最前列，开创了世界人工合成蛋白质的新纪元。并且，该项技术还间接推动了多肽激素的发展，比如胰岛素合成后，人们又相继合成了增血压素、加压素等。

随着时代的发展，人工合成胰岛素的方法也变得越来越多样。现代的科学家甚至可以借助基因工程手段，将人胰岛素基因转移到大肠杆菌或者酵母细胞中，利用发酵工艺进行胰岛素的大规模生产，并且速度惊人。

与现代工艺相比，当年人工合成胰岛素的手段虽然显得很落后，但中国科学家在其中所体现的敢做难题、勇攀高峰的精神却永不过时，依然在激励着无数的中华儿女奋力前行。

断肢再植:
医学界的一次伟大创举

　　所谓的断肢再植,是用手术方法将断肢重新接回原位。这说起来简单,但是在过去,断肢再植一直都是医学界悬而未决的难题,甚至在二十世纪以前,人们普遍认为完全断离后的肢体是没有机会复活的。

　　如果一个人的肢体不幸完全断离,当时的医生所能做的也只是在残端进行消毒包扎,伤好以后再安上一个假肢。人人都明白,假肢再好也无法替代原来肢体的功能,可在当时除此之外又有什么好办法呢?

　　进入二十世纪以后,一些外科医学家开始着重研究起断肢再植技术来,但一直未能获得成功。直到1963年,此类研究才取得突破性进展，而这一切都与一个中国医生息息相关，他便是被誉为"世界断肢再植之父"的陈中伟。

陈中伟出生在浙江的一个医学世家，其父亲曾担任过县医院的院长，母亲和姐姐也是当地知名的医学工作者。也许是在家风的影响下，他从小就对医学知识感兴趣，长大后便顺理成章地报考了医学院。

1954年，陈中伟于上海第二医学院顺利毕业，随后在上海市第六人民医院工作。当时，他只是一名初入职场的新人，但工作起来极为认真、谨慎。常言道："有付出就有回报。"这不，到了1963年，陈中伟便已经成为医院里的外科主治医师。

这年1月2日早晨，陈中伟像往常一样来到医院，准备开始一天的工作。谁知他刚做完工作计划，就接到一个十万火急的通知。原来，上海市第六人民医院接诊了一位特殊的患者。该患者名为王存柏，是一个27岁的青年工人！当天早上因工作事故而导致右前臂下端完全性断离，情况十分危急。

当时，如果按常规方法处理，无外乎是丢掉断肢，然后处理伤口，再安个假手。可是这是个才27岁的年轻人，而且一个工人若是失去了赖以生存的手臂，也会让今后的生活变得异常艰难。

"医者父母心"，陈中伟一边准备器械，一边思考着如何才能挽救这位青年工人的手臂。经过一番快速思考后，他觉得有必要试一试断肢再植手术。

当时的陈中伟虽然研究断肢再植技术多年，也进行过大量的动物试验，比如接狗腿、接兔子耳朵等，但还从未给人做过此类手术。况且，做断肢再植手术也有个重要前提，那就是患者和自己的断肢必须同时送到医院。

因为离断的肢体一旦不能及时获得新鲜血液，将会发生坏死。如果再赶上天气炎热，还很可能会导致断肢远端处滋生细菌，进而出现腐烂。

所以，当意外发生后，一定要快速将离断的肢体与病人同时转运到有条件的医院进行再植，力争在6小时内进行手术。时间拖得太长，不仅会增加手术的难度，而且还会降低断肢再植的成活率。那么，王存柏符合条件吗？

幸运的是，由于王存柏工作的地方离上海市第六人民医院不远，工友送院及时，另外，由于王存柏的断手是被锋利的冲床一下切断的，因此其伤口十分整齐，这也为断肢再植创造了良好的条件。

既然如此，陈中伟是不是立即就能开展手术呢？当然不是。毕竟断肢再植手术异常复杂，而且断肢对于患者来说是一种非常严重的身体创伤，如果在手术过程中，稍微处理不当就很有可能出现并发症，进而导致手术失败，严重时还会危及生命。

讲到这里，不得不多说一句，断肢再植手术并不像大家想象得那样简单，患者在手术时甚至还有可能面临中毒的危险。

是的，你没有看错，断肢再植手术真的会与身体中毒扯上关系。因为肢体断离人体后，里面的肌肉组织除了会遭受直接损伤外，还会随着缺血时间的延长而逐渐变性坏死。

在这期间，断肢里会产生大量的无氧代谢产物和氧自由基等毒性物质。一旦断肢再植手术完成，血液循环系统重新恢复，那些有毒物质就很有可能随着血液开始漫游整个身体，损害各个器官，比如导致急性肾功能不全。因此，从这个角度来看，断肢再植手术处理不当有引

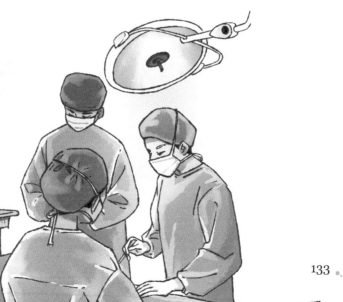

发身体中毒的危险。

为了能最大限度地保住患者的手臂,陈中伟必须考虑周全些。当时的他作为一名骨科医生,接骨头对他来说可谓小菜一碟,但断肢再植成功的关键是血管修复。为此,他赶紧将医院的血管手术专家,也就是时任外科副主任的钱允庆找来帮忙。待一切准备妥当后,断肢再植手术正式开始进行,而此时距离王存柏断肢事故发生仅过了大约半个小时。

就这样,陈中伟和他的同事们一起,在没有任何医学文献和报道的情况下,连续奋战七个多小时,终于完成了断肢接合。看着先前的断肢渐渐恢复了正常血色,参与人员全都沸腾了起来,因为这预示着断肢再植手术取得了初步成功。

为了让存活的断肢恢复功能,陈中伟等人又投入到了紧张的术后恢复工作。由于以前世界医学史上还没有断肢再植的成功先例,所以对于如何恢复断手的功能，陈中伟等人也只能在实践中摸索前行。

大家可能有所不知，在整个断肢再植过程中，除了前期的手术外，术后恢复治疗也极为重要。否则，即便将断肢成功接上去，也是中看不中用。

可喜的是，经过几个月的精心护理，青年工人王存柏的右手陆续闯过肿胀关、休克关、感染关、坏死关。到了8月时，其右手的功能已经基本恢复，像提笔写字、举杯喝水、穿针引线等精细动作都不在话下了。

1963年11月26日与12月22日，陈中伟和钱允庆又分别做了一例右手掌压断再植手术，均获得了圆满成功。随后，上海市第六人民医院将自己开创性的成功案例对外宣布，全世界都为之震惊，而主刀医生陈中伟也因此被国际医学界赞为"世界断肢再植之父"。

此外，这位中国医生还主持发明了六项断肢再植技术，其所提出的"断肢再植功能恢复标准"甚至被国际显微重建外科学术界公认为"陈氏标准"。自从他于1963年成功完成世界上第一例断肢再植手术以来，断肢再植技术便逐渐在中国开枝散叶，如今甚至在某些县级医院都可以完成普通的断肢再植手术。

其实，从科学意义上来讲，首例断肢再植手术的成功也是显微外科发展的成果。所谓显微外科手术，实质上就是医生在手术显微镜下，借助专门的显微手术器械，用极细的针线对细小的血管、神经进行分离缝合。

随着显微外科技术的进步，很多断肢再植手术也越做越完美，但在该领域一直存在着一座不易攀登的高峰，它便是指尖再植。原来，人的血管越往指尖就会变得越细，甚至那里的很多血管直径只有0.2毫米左右，几近透明。这种状况便极大地增加了再植手术的难度和不确定性。

值得骄傲的是，中国的断肢再植技术在1963年成为世界第一后，便一直在该领域保持领先地位。中国之所以能在该领域保持优势，除了广大医学工作者努力奋斗外，还与相关研究起步很早有着莫大的关系。

资料显示，早在1964年，上海市第六人民医院便开始探索血管吻合术，并在此基础上专门成立了断肢再植研究室，对手术显微镜、显微手术器械及无损伤吻合血管的细小针、线进行研究，而这些工作都为断肢再植与再造修复的四肢显微外科技术提供了发展的基石。

如今，随着断肢再植技术日臻完善，人们已经可以将断肢接得相当漂亮，但是再植后功能恢复仍需要不断提升。

因此，在平时的生活中大家一定要注意安全，不要觉得当前医疗技术足够发达，就不把安全当回事儿。真有一天事故降临到自己身上，那可就真的欲哭无泪了。

在科学不断发展的过程中，中国的科学家用一系列成就成功书写着"弯道超车"的奇迹，中国智慧、中国速度、中国瞬间一次次展现了当代中国的迷人风采，令国人骄傲，令世界瞩目，而这背后则是无数科学家的默默奉献与辛勤付出。